中国电子学会嵌入式专家委员会推荐丛书

# 开源软核处理器 OpenRisc 的 SOPC 设计

徐敏 孙恺 潘峰 编著

北京航空航天大学出版社

## 内 容 简 介

片上可编程系统(System On Programmable Chip,SOPC)已经成为嵌入式系统的发展方向。本书介绍基于源代码开放的 OpenRisc1200(以下简称 OR1200)软核处理器的 SOPC 设计方法。本书分为两部分,第一部分介绍 OR1200 软核处理器的架构和配置、Wishbone 总线的标准及 OR1200 软核处理器软硬件开发环境的建立;第二部分以具体实例说明如何使用 OR1200 软核处理器完成嵌入式设计,其中包括:调试接口的实现、OR1200 控制片内存储器和 I/O、串口、SDRAM、外部总线、以太网、LCD 及 SRAM;另外还介绍如何在 OR1200 上运行嵌入式 Linux,并针对第二部分给出部分源代码。

本书适合对 SOPC 或 OR1200 软核处理器感兴趣的初学者使用,也可作为嵌入式系统设计人员的自学用书,或作为相关专业研究生的教材和教师的教学参考书。

**图书在版编目(CIP)数据**

开源软核处理器 OpenRisc 的 SOPC 设计/徐敏,孙恺,潘峰编著.—北京：北京航空航天大学出版社,2008.3
ISBN 978-7-81124-195-2

Ⅰ.开… Ⅱ.①徐…②孙…③潘… Ⅲ.微处理器—系统设计 Ⅳ.TP332

中国版本图书馆 CIP 数据核字(2008)第 007972 号

ⓒ2008,北京航空航天大学出版社,版权所有。
未经本书出版者书面许可,任何单位和个人不得以任何形式或手段复制或传播本书内容。侵权必究。

**开源软核处理器 OpenRisc 的 SOPC 设计**

徐敏 孙恺 潘峰 编著

责任编辑 李春凤

\*

北京航空航天大学出版社出版发行

北京市海淀区学院路 37 号(100083) 发行部电话:010-82317024 传真:010-82328026
http://www.buaapress.com.cn E-mail:bhpress@263.net
涿州市新华印刷有限公司印装 各地书店经销

\*

开本:787 mm×960 mm 1/16 印张:16.25 字数:364 千字
2008 年 3 月第 1 版 2008 年 3 月第 1 次印刷 印数:5 000 册
ISBN 978-7-81124-195-2 定价:28.00 元

# 前　言

随着集成电路工艺和电子技术的不断发展,数字集成电路经历了从电子管、晶体管、中小规模集成电路、超大规模集成电路(VLSIC)到今天的专用集成电路(ASIC)的发展过程。ASIC虽然有着低成本、高可靠性和芯片面积小的优点;但是ASIC也存在着设计周期长、改版投资大和灵活性差的缺点,这些缺点制约着ASIC的应用范围。本着缩短设计周期、灵活地修改大规模数字逻辑的基本思想,可编程逻辑器件应运而生,目前最有代表性的可编程逻辑器件就是现场可编程逻辑门阵列(FPGA)。随着更多的数字逻辑模块被集成到FPGA芯片中,2000年,FPGA芯片生产商之一的Altera公司提出了SOPC的概念。

最近几年,FPGA芯片得到了飞速发展,生产工艺从90 nm到65 nm,更大容量、更多片上资源的FPGA芯片相继诞生,为SOPC的发展提供了条件和强大的硬件支持。SOPC发展的另外一个因素就是IP(Intellectual Property)核,IP核也就是已经设计并验证好的功能模块,重新设计系统时不用修改或做很少的修改就可以完成。目前SOPC发展最重要的部分就是设计出大量可重复使用的IP核,其中嵌入式软核的设计被认为是最关键的。嵌入式软核通常是用Verilog HDL或者VHDL等硬件描述语言来编写的、具有CPU功能的IP核。目前最常用的嵌入式软核有3个:NiosII、OpenRisc系列和LEON系列。本书重点介绍OpenRisc系列中的OR1200软核处理器,它是一种源代码开放的软核,其最大的优点是免费;因此使用开源的软硬件就可以大大降低系统的成本,所以源代码开放的设计越来越得到工程师们的青睐。与Linux一样,开源的OR1200软核也必然会得到同样的重视。

编写本书主要有以下3个目的:

① 降低学习的门槛:2002年SOPC概念进入中国,许多专家学者都认为SOPC具有极大的发展潜力,但是与之相关的书籍则少之又少,关于OpenRisc系列的更是如此。广大读者苦于没有一本合适的入门级的书籍。本书定位于OpenRisc初学者,降低学习的门槛。

② 使读者少走弯路:相对于付费的资源,开放源码的资源有价值的技术支持很少,所以给学习开源的读者带来很多困惑。本书以实践的角度来说明OR1200软核的用途,以具体的

# 开源软核处理器 OpenRisc 的 SOPC 设计

应用实例使读者达到掌握 OR1200 的目的。使初学者少走弯路。

③ 普及 SOPC 技术：美国的 Altera 和 Xilinx 公司都已经推出了自己的软核处理器，分别是 NiosII 和 MicroBlaze。虽然它们的功能强大，开发环境和配套的 IP 完善，使得设计周期缩短，加快产品的上市，是工程应用的首选；但同时也封装了一些内部的控制机制和工作原理，这对 SOPC 的学习者和中国的 SOPC 发展很不利。编写本书的主旨是在中国普及 SOPC 技术，缩短与发达国家之间的差距。

全书共 13 章。

第 1 章主要介绍嵌入式技术从 SoC 到 SOPC 的发展，3 种常用软核的简介和比较。第 2 章分析 OR1200 的架构，并说明如何配置 OR1200 软核。第 3 章介绍 Wishbone 总线，包括信号、时序、接口、主设备和从设备模型。第 4 章介绍在 Linux 环境下的编译工具及 make、Makefile 的使用。第 5 章介绍 FPGA 芯片上 RAM 和 ROM 的使用及最小系统的组成和编译。第 6 章介绍 JTAG 的标准，如何建立 OR1200 与 JTAG 的连接。第 7 章介绍 UART16550 的结构和使用，以及用 OR1200 控制 UART。第 8 章介绍 SDRAM 的时序，以及用 OR1200 控制 SDRAM。第 9 章介绍用 OR1200 控制外部异步总线。第 10 章介绍 ORPMon 的基本功能，以及如何运行 ORPMon。第 11 章介绍以太网控制器的基本知识，Linux 的配置编译和下载，以及使用 ORPMon 启动 Linux。第 12 章介绍用 OR1200 控制 LCD。第 13 章介绍适用于 Wishbone 总线的 SBSRAM 控制器。

本书设计环境的硬件平台为：博创科技 UP-SOPC2000 开发板（详细内容见附录）。设计软件为：QuartusII 5.0 SP2、ModelSim SE 6.0、Synplify Pro8.1。

本书由厦门理工学院徐敏副教授以及孙恺、潘峰主编。徐敏编写第 5~13 章，孙恺编写第 3 章和第 4 章，潘峰编写第 1 章和第 2 章，徐敏负责全书的统稿、定稿及其他事宜。在本书的编写过程中，得到了北京航空航天大学出版社的大力支持，在此表示深深的感谢。同时北京博创科技研发部工程师黄伦学、乾正光、赵宁、刘英杰、欧阳鑫、申昆、王君、张小川、王松柏等也参与了本书部分实验的调试工作并提出了很多建议，在此一并表示感谢。

由于 SOPC 技术在中国发展时间尚短，作者的水平有限，书中难免有错误和不合适的地方，希望广大读者和嵌入式爱好者给予批评指正，我们将不胜感激。

E-mail：pf uptech@126.com

广大读者可以到 http://www.up-tech.com 的下载专区下载 OR1200 源代码及其相关内容。

作 者
2007.6

# 目 录

## 第 1 章 SOPC 及常用软核处理器概述

1.1 从 SoC 到 SOPC ································································· 1
1.2 常用软核处理器概述 ························································· 2
   1.2.1 LEON 系列 ······························································ 2
   1.2.2 Altera 公司的 NiosII ················································· 3
   1.2.3 OpenCores 组织的 OpenRisc 系列 ···························· 4

## 第 2 章 OR1200 软核的配置

2.1 OR1200 软核的架构 ·························································· 6
2.2 OR1200 软核的组成 ·························································· 7
2.3 OR1200 软核的配置 ························································ 10

## 第 3 章 Wishbone 片上总线

3.1 Wishbone 总线概述 ························································· 15
3.2 Wishbone 总线信号和时序 ··············································· 17
   3.2.1 Wishbone 总线信号 ················································ 17
   3.2.2 Wishbone 总线循环 ················································ 20
   3.2.3 Wishbone 互连接口、结构及工作原理 ····················· 28
   3.2.4 Wishbone 主设备和从设备模型 ······························· 30

## 第 4 章 软件开发工具的安装和使用

4.1 GNU 交叉编译环境的组成和建立 ····································· 31
   4.1.1 交叉编译 ································································ 31
   4.1.2 binutils ·································································· 31
   4.1.3 GCC ······································································ 32
   4.1.4 GDB ······································································ 33
   4.1.5 链接描述文件 ························································· 35
4.2 make 和 Makefile 的使用 ················································· 37
   4.2.1 Makefile 的基本结构 ·············································· 37

| | |
|---|---|
| 4.2.2 Makefile 的变量 | 38 |
| 4.2.3 隐含规则 | 39 |
| 4.2.4 make 的命令行选项 | 40 |
| 4.3 加深对 Makefile 的理解 | 41 |
| 4.3.1 汇编语言 | 41 |
| 4.3.2 C 语言 | 43 |
| 4.4 OR1k 系列 CPU 的体系结构模拟器 or1ksim | 46 |

## 第 5 章 片内存储器和 I/O 控制器的设计

| | |
|---|---|
| 5.1 FPGA 内部的 RAM 块资源 | 47 |
| 5.1.1 RAM 块的使用 | 47 |
| 5.1.2 CycloneII 的 RAM 块 | 48 |
| 5.1.3 单口 RAM 块的描述方法 | 49 |
| 5.1.4 简单双口 RAM 块的描述方法 | 51 |
| 5.1.5 单口 ROM 块的描述方法 | 53 |
| 5.2 I/O 控制器的结构和功能 | 55 |
| 5.2.1 通用 I/O 控制器 | 55 |
| 5.2.2 最简 I/O 控制器 | 56 |
| 5.3 ORP 概念及其定义 | 57 |
| 5.4 设计与 Wishbone 兼容的 RAM 和 ROM 模块 | 58 |
| 5.4.1 RAM 模块 | 58 |
| 5.4.2 ROM 模块 | 61 |
| 5.5 最简 I/O 控制器及综合结果分析 | 62 |
| 5.5.1 最简 I/O 控制器 | 62 |
| 5.5.2 综合结果分析 | 63 |
| 5.6 最小系统的建立、编译和仿真 | 65 |
| 5.6.1 最小系统的建立 | 65 |
| 5.6.2 编写程序 | 66 |
| 5.6.3 仿真 | 66 |

## 第 6 章 Debug 接口的实现

| | |
|---|---|
| 6.1 JTAG 原理和标准 | 69 |
| 6.1.1 JTAG 简介 | 69 |
| 6.1.2 基本单元 | 69 |
| 6.1.3 总体结构 | 70 |
| 6.1.4 TAP 状态机 | 72 |
| 6.1.5 应用 | 73 |

6.2 调试模块的结构及其与 OR1200 的连接方法 ································································ 73
  6.2.1 DBGI 简介 ································································································· 73
  6.2.2 DBGI 结构 ································································································· 74
  6.2.3 I/O 端口 ····································································································· 76
  6.2.4 内部寄存器 ································································································ 77
  6.2.5 链结构 ······································································································· 77
  6.2.6 未来发展 ···································································································· 78
6.3 DBGI 的集成和板级功能仿真 ·································································· 80
  6.3.1 DBGI 的集成 ······························································································ 80
  6.3.2 板级功能仿真 ··························································································· 81
6.4 GDB、JTAG、GDBServer、or1ksim 的工作原理 ································· 83
  6.4.1 GDB ············································································································· 83
  6.4.2 GDB 和 JTAG Server ················································································ 84
  6.4.3 GDB 和 GDBServer ················································································· 85
  6.4.4 GDB 和 or1ksim ······················································································· 86
  6.4.5 JTAG 协议 ································································································· 86
6.5 使用 GDB 和 JTAG Server 进行 Debug 接口的调试 ······························ 92
6.6 使用 DDD 进行可视化调试 ······································································ 93

# 第 7 章 UART16550 内核的结构和使用

7.1 UART 的概念、功能和发展 ······································································ 95
7.2 UART 的通信模式、数据格式和流控制 ·················································· 96
  7.2.1 通信模式 ··································································································· 96
  7.2.2 数据格式 ··································································································· 97
  7.2.3 流控制 ······································································································· 97
7.3 工业标准 UART 16550 ·············································································· 99
  7.3.1 特 性 ········································································································· 99
  7.3.2 接口和结构 ······························································································· 99
  7.3.3 寄存器 ····································································································· 101
7.4 兼容 16550 的 UART IP Core ································································· 105
7.5 OR1200 的异常和外部中断处理 ····························································· 106
7.6 集成带有 UART 的系统 ··········································································· 109
  7.6.1 集 成 ······································································································· 109
  7.6.2 编 程 ······································································································· 109
7.7 仿真带有 UART 的系统 ··········································································· 111
7.8 验证带有 UART 的系统 ··········································································· 113

# 第 8 章 SDRAM 的时序和控制器

- 8.1 SRAM 与 DRAM …… 114
  - 8.1.1 SRAM …… 114
  - 8.1.2 IS61LV25616 …… 115
  - 8.1.3 DRAM …… 116
  - 8.1.4 SRAM 和 DRAM 比较 …… 117
- 8.2 SDRAM 的内部结构和控制时序 …… 117
  - 8.2.1 结构 …… 117
  - 8.2.2 命令和初始化 …… 121
  - 8.2.3 模式寄存器 …… 122
  - 8.2.4 Bank 行激活 …… 124
  - 8.2.5 读/写时序 …… 125
  - 8.2.6 自动刷新 …… 128
- 8.3 SDRAM 控制器 wb_sdram …… 129
- 8.4 集成和仿真存储系统 …… 130
  - 8.4.1 存储器模型 …… 130
  - 8.4.2 system_sdram.v …… 131
  - 8.4.3 ar2000_sdram.v …… 132
  - 8.4.4 ar2000_sdram_bench.v …… 133
  - 8.4.5 结构 …… 135
  - 8.4.6 仿真 …… 135
- 8.5 验证存储系统 …… 137

# 第 9 章 外部异步总线控制器的设计

- 9.1 异步总线控制器的结构和功能 …… 140
  - 9.1.1 异步总线的组成 …… 140
  - 9.1.2 异步总线的读/写时序 …… 140
- 9.2 编写异步总线控制器 …… 142
  - 9.2.1 编写代码 …… 142
  - 9.2.2 I/O 端口 …… 144
- 9.3 异步总线控制器的仿真 …… 145
- 9.4 集成和仿真存储系统 …… 148
  - 9.4.1 存储器模型 …… 148
  - 9.4.2 system_eabus.v …… 148
  - 9.4.3 ar2000_eabus.v …… 149
  - 9.4.4 ar2000_eabus_bench.v …… 150

9.4.5 结构 ................................................................... 153
9.4.6 编程 ................................................................... 154
9.4.7 仿真 ................................................................... 154

## 第 10 章 ORPMon 的功能和实现

10.1 C 语言函数接口 ................................................................... 156
    10.1.1 寄存器使用 ................................................................... 156
    10.1.2 堆栈帧 ................................................................... 157
    10.1.3 参数传递和返回值 ................................................................... 158
10.2 ORPMon 的基本功能及其实现方法 ................................................................... 158
    10.2.1 ORPMon ................................................................... 158
    10.2.2 ORPMon 基本工作原理 ................................................................... 159
    10.2.3 特殊功能寄存器操作 ................................................................... 161
10.3 ORPMon 的移植 ................................................................... 162
    10.3.1 源代码 ................................................................... 162
    10.3.2 链接文件 ................................................................... 167
10.4 ORPMon 的仿真 ................................................................... 171
10.5 ORPMon 的运行 ................................................................... 172
10.6 使用 Flash 运行 ORPMon ................................................................... 174

## 第 11 章 以太网控制器的结构和 Linux 驱动

11.1 以太网的 CSMA/CD 原理和 MII 接口 ................................................................... 175
    11.1.1 CSMA/CD ................................................................... 175
    11.1.2 MII 接口 ................................................................... 175
    11.1.3 CSMA/CD 的帧接收和发送过程 ................................................................... 177
11.2 OpenCores 的以太网控制器 ................................................................... 179
    11.2.1 以太网控制器简介 ................................................................... 179
    11.2.2 以太网控制器的接口 ................................................................... 180
    11.2.3 以太网控制器的寄存器 ................................................................... 181
    11.2.4 缓冲描述符 ................................................................... 189
11.3 以太网控制器的内部结构 ................................................................... 191
    11.3.1 控制器总体结构 ................................................................... 191
    11.3.2 MII 管理模块 ................................................................... 191
    11.3.3 接收模块 ................................................................... 192
    11.3.4 发送模块 ................................................................... 194
    11.3.5 控制模块 ................................................................... 196
    11.3.6 状态模块 ................................................................... 196

| | |
|---|---|
| 11.3.7 寄存器模块 | 197 |
| 11.3.8 Wishbone 接口模块 | 198 |
| 11.4 嵌入式 Linux 简介 | 199 |
| 11.5 对 Linux 进行配置、修改、编译、下载和运行 | 200 |
| 11.6 使用 ORPMon 启动 Linux | 205 |
| 11.6.1 设计可以启动 Linux 的 ORPMon | 205 |
| 11.6.2 固化 Linux | 206 |
| 11.7 集成以太网控制器 | 206 |
| 11.7.1 system_eth.v | 207 |
| 11.7.2 ar2000_eth.v | 208 |
| 11.7.3 验证以太网控制器 | 210 |

## 第 12 章 LCD 控制器的使用

| | |
|---|---|
| 12.1 OpenCores 的 VGA/LCD 控制器 | 213 |
| 12.2 VGA/LCD 控制器的接口与寄存器 | 215 |
| 12.2.1 VGA/LCD 控制器的接口 | 215 |
| 12.2.2 VGA/LCD 控制器的寄存器 | 217 |
| 12.3 VGA/LCD 控制器的使用方法 | 222 |
| 12.3.1 视频时序 | 222 |
| 12.3.2 像素色彩 | 223 |
| 12.3.3 带宽需求 | 224 |
| 12.4 集成和仿真 VGA/LCD 控制器 | 225 |
| 12.5 验证 VGA/LCD 控制器 | 230 |

## 第 13 章 SBSRAM 的时序和控制器设计

| | |
|---|---|
| 13.1 SBSRAM 控制器的结构和功能 | 231 |
| 13.1.1 SBSRAM 的概念 | 231 |
| 13.1.2 SBSRAM 控制器的读/写操作和时序 | 231 |
| 13.2 编写 SBSRAM 控制器 | 234 |
| 13.3 SBSRAM 控制器的仿真 | 237 |
| 13.4 集成 SSRAM 控制器 | 240 |
| 13.4.1 system_ssram.v | 240 |
| 13.4.2 ar2000_ssram.v | 242 |
| 13.5 验证 SSRAM 控制器 | 243 |

| | |
|---|---|
| 附录 UP-SOPC2000 教学科研平台 | 244 |
| 参考文献 | 247 |

# 第 1 章

# SOPC 及常用软核处理器概述

## 1.1 从 SoC 到 SOPC

SoC(System on Chip)称为片上系统,它是指将一个完整的产品的功能集成在一个芯片上,SoC 中包括微处理器、DSP、存储器(ROM、RAM、Flash 等)、总线以及 I/O,甚至可以包括 AD/DA、锁相环等。集成电路和系统达到什么程度才算是 SoC,并没有严格的规定。片上使用 IP(Intellectual Property)核是构建 SoC 的重要步骤,IP 核即知识产权核或者知识产权模块,IP 核在功能上已经设计并得到验证,而且可以重复使用。当要推出新产品时,SoC 开发人员可以将原来使用过的 IP 核移植到新的系统中,或者只修改一小部分电路就可以满足新的设计要求;利用 IP 核的重复使用可以缩短新产品的开发周期,降低开发难度。例如,ARM 公司的 Risc 架构的 ARM、IBM 公司的 PowerPC、MIPS 公司的 MIPS 核、Fresscale 公司的 MCore 等,这些需要交付一定的授权费;还有一些 IP 核是开源的,可免费使用。

对于经过验证又可批量应用的系统芯片,可以做成专用集成电路(ASIC)而大量生产。而对于小批量应用就面临着高投资、高风险,这样无法被中小企业、研究所以及大专高校等采用。在这样的情况下,Altera 公司于 2000 年首先提出了 SOPC 的概念。SOPC 是基于 FPGA 的可重构的 SoC,嵌入在 FPGA 芯片上的系统组件,如微处理器、ROM/RAM、总线、I/O 等模块,都可以根据设计需要进行灵活的修改,因此,SOPC 是灵活的、高效的 SoC 解决方案。工程师们可以自由地发挥想象力,开发出更具特色的嵌入式产品。

## 1.2 常用软核处理器概述

IP核重用同样适用SOPC,而目前开放性源码也已经从软件(Linux、GCC等)扩展到硬件。对于嵌入式软核处理器来说,出现了像OpenCores这样专门发布免费的IP核源代码的组织。目前,免费的32位嵌入式软核处理器有:GaislResearch公司的LEON2/LEON3、OpenCores组织公布的OR1200和Altera公司的NiosII。这3种开放性处理器凭借其高性能、低成本,良好的可配置性和完善的开发环境,受到了学术界和工业界的普遍重视,下面对这3种软核进行比较。

### 1.2.1 LEON系列

LEON系列处理器主要包括3款处理器:LEON1、LEON2和LEON3,它们都是由Jiri Gaisler设计,并且指令集与SPARC(Scalable Processor ARChitecture)兼容,其中LEON1与SPARC V7兼容,LEON2和LEON3与SPARC V8兼容。说起LEON系列处理器的发展历史,不得不提到ERC32和欧洲航天局。

1992年,Cypress公司推出了与SPARC V7体系兼容的整数处理器CY7C601和浮点处理器CY7C602,运行速度25 MHz。1996年(或更早),欧洲航天局(European Space Agency,ESA)以CY7C601和CY7C602为基础,设计了具备应对SEU(Single Event Upsets,单粒子翻转)能力的ERC32(Embedded Real time 32-bit Computer,嵌入式实时32位计算机)模型,作为未来航天器的核心处理器,该项目的技术核心人物正是Jiri Gaisler。

SEU是航天器上的电子器件面对的一个特殊问题。太空中的各种高能粒子(包括高能质子、中子、重离子等)具有很高的动能,当这些粒子穿过航天器的电子器件时可能会影响半导体电路的逻辑状态,甚至对半导体材料造成永久损害。单个高能粒子对电子器件功能产生的影响,称之为单粒子效应。其中,导致存储内容在0和1之间发生变化的现象,称为SEU。由于这个特殊而严重的问题,导致所有以地面环境为设计要求的商业、甚至军用电子器件都不能很好地满足太空环境的使用要求。

ERC32使用VHDL语言描述,结构上分为3个部分:指令单元(IU)、浮点单元(FPU)和存储器控制器(MEC)。位于法国南特的TEMIC公司以ERC32模型和MHS(1992成为TEMIC的一部分)的SPARC V7整数处理器90C601、浮点处理器90C602为基础,制造了ERC32芯片组TSC690E,该芯片组包括TSC691E、TSC692E和TSC693E,分别对应ERC32模型的IU、FPU和MEC。Atmel公司1998年合并了TEMIC公司以后,以ERC32为基础,制造了TSC695。TSC695采用SoC技术,把ERC32的3个分离的部分集成在一块芯片上,主频25 MHz,虽然结构组织上与ERC模型有些差别,但一般认为还是属于ERC32体系。现在

TSC691E、TSC692E 和 TSC693E 已经停产,能够买到的只有 TSC695。总的来说,ERC32 系列是一款很成功的产品,欧洲航天局、SAA ERICSSON SPACE 公司、Astrium Space 公司以及著名的伽利略系统都采用了 ERC32 系列的芯片。

1999 年,针对 ERC32 存在的一些问题,由欧洲航天局出资,Jiri Gaisler 对 ERC32 进行了重新设计,使用 SPARC V8 指令集,总体功能与 TSC695 类似,把 ERC32 的 IU、FPU、MEC 集成在一起,同时增加了对处理器 Cache、Meiko 浮点处理器、PCI、AMBA(AMBA 2.0)总线的支持,以及对更多实现工艺库的支持,命名为 LEON。在 LEON 的发展过程中出现过几次大的结构变化,从 2.1 版开始,增加对 PCI 的支持;从 2.2 版开始,内部总线采用了 AMBA 总线;从 2.3 版开始,分为了 2 个版本:标准版和容错版;2001 年底的 2.4 版标志着开发完毕。标准版遵从 GNU 的 LGPL 规定,开放所有源代码,主要用在开发和商用领域,不具备类似 ERC32 的容错功能。容错版则与 ERC32 类似,具有容错功能,但是与 ERC32 不同是,这个版本不是依靠采用特殊的抗辐射工艺而是依靠逻辑结构来实现高可靠性。容错版针对的是空间应用,但是采用的是商业授权模式,不但需要授权费用,而且无法得到源代码。

2001 年,Jiri Gaisler 建立了 Gaisler Resear 公司,专门从事 SPARC 体系处理器的设计和开发。2002 年开始以 LEON 为基础设计 LEON2 处理器,为了区别欧洲航天局的 LEON,LEON 也被称为 LEON1。2005 年底,1.0.32 版完成,标志着 LEON2 开发过程的完毕,此时,LEON2 除了集成了处理器核心及 Cache、Memory 控制器、PCI 控制器、中断控制、DMA、实时时钟、UART 等以外,还集成了处理器 MMU 和以太网控制器。LEON2 也有 2 个版本:标准版和容错版。由于在商业环境下,LEON2 标准版提供的性能不亚于 MIPS、ARM 等嵌入式处理器,而且采用了嵌入式处理器实际上的工业标准——AMBA 总线,使得 LEON2 得到了比 ERC32 更广泛的应用,目前已经有多家公司成功进行了流片,而且其 FPGA 原型也在多个研究项目中得到应用。

在老本行——航天应用上,2005 年底,Atmel 公司基于 LEON2 的容错版制造了 AT697 处理器,主频达到 100 MHz,预计可以得到广泛的使用。

2005 年,Gaisler 开始开发 LEON3。LEON3 也是基于 SPAERC V8 体系和 AMBA 总线的,但是增加了流水线级数,由 LEON2 的 5 级变为 7 级,同时增加了对多处理器的支持,最多同时可支持 4 个处理器。LEON3 的授权模式与 LEON2 基本相同,同样也有容错版。目前,LEON3 还在开发中,并且有多家公司正在进行流片尝试。

## 1.2.2 Altera 公司的 NiosII

Nios 系列处理器是 Altera 公司推出的基于 Risc 体系结构的通用嵌入式处理器软核,它是 Altera 的可编程逻辑和可编程片上系统(SOPC)设计综合解决方案的核心部分。Altera 前后推出了两代 Nios 系列处理器:Nios 和 NiosII。Nios 是第一代产品,具有 16 位指令集和

16位×32位数据通路。NiosII是第二代完全32位Risc处理器,具有32位指令集、数据通路和地址空间。NiosII处理器是5级流水线设计,采用数据和指令分离的Harvard结构。NiosII拥有自己专用的体系结构与指令集,支持32位的硬件乘除法指令,有32个通用寄存器。用户还可以根据自己的需要自定义最多256条指令。NiosII采用了Altera公司自己的Avalon片内总线标准,用于连接定时器、UART接口、LCD接口、内存控制器和以太网接口等片内模块。NiosII同时还提供了一个Debug模块,支持JTAG在线调试。Altera公司为NiosII提供了极为完善的软硬件开发环境。NiosII处理器方案是基于HDL源码构建的,提供了3种性能和资源消耗不同的基本软核:NiosII/f(快速型)、NiosII/s(标准型)和NiosII/e(经济型)。通过QuartusII开发软件中的SOPCBuilder系统开发工具,使用者可以在任何一种软核的基础上方便地配置符合自己需要的NiosII内核。

Altera公司同时为NiosII提供了基于GNU C/C++ toolchain和Eclipse IDE的软件开发环境。用户可以在这个开发环境下方便地完成编码、仿真和调试等工作。NiosII的开发套件内免费提供了一个Microc/OSII的实时操作系统支持,同时NiosII还支持μClinux、Nucleus Plus、KROS等第三方操作系统。NiosII内核属于半开放的内核。用户可以免费获得NiosII的开发平台,不过NiosII只支持Altera的Stratix和Cyclone器件。用户只能在Altera的FPGA芯片上免费使用NiosII,而且无法获得NiosII的HDL源代码;另外,设计者若要在ASIC设计中使用NiosII内核,则需要向Altera公司支付一定的授权费。

NiosII软核是Altera公司在其自己生产的FPGA上所做的专门的优化,所以在Altera的FPGA上表现出色,不仅性能强而且占用的逻辑资源少,并且Altera提供良好的技术支持;但是NiosII只能在Stratix和Cyclone器件上免费使用,使得NiosII的应用范围受到限制。

### 1.2.3 OpenCores组织的OpenRisc系列

OR1200是OpenRisc系列Risc处理器内核的一员。OpenRisc由OpenCores组织负责开发和维护,是免费、开源的Risc处理器内核家族。OpenRisc包括OpenRisc1000和OpenRisc2000,OpenRisc2000目前还只处于计划阶段。

OpenRisc1000(以下简称OR1k)的指令系统包括3大部分:OpenRisc基本指令集(ORBIS32/64)、OpenRisc向量/DSP扩展指令集(ORVDX64)和OpenRisc浮点扩展指令集(ORFPX32/64)。ORBIS32指令集包括:32位整数指令、基本DSP指令、32位Load和Store指令、程序流程控制指令和特殊指令。ORBIS64指令集包括64位整数指令、64位Load和Store指令。ORFPX32指令集包括单精度浮点指令。ORFPX64指令集包括双精度浮点指令和64位Load和Store指令。ORVDX64指令集包括向量指令和DSP指令。此外,OR1k还支持自定义指令。

OR1k的开发工作于1999年开始,第一个发行版本是OpenRisc1001,发行于2000年4

月,由VHDL语言描述。支持ORBIS32指令集和基本的DSP指令的OR1200出现于2001年7月,2002年8月基本成熟,改进和维护一直持续到现在。

OR1200是一种32位、标量、哈佛体系结构、5级整数流水线Risc,支持虚拟存储器和基本DSP功能。默认的缓存是单通道直接映射的8 KB数据缓存和单通道直接映射的8 KB指令缓存,每个缓存的分组尺寸为16字节。默认的存储器管理单元由基于64个散列入口的单通道直接映射的数据后备式转换缓冲区和基于64个散列入口的单通道直接映射的指令后备式转换缓冲区组成。辅助功能包括用于实时调试的调试单元、高分辨率滴答计数器、可编程中断控制器和电源管理。其数据和地址总线接口符合Wishbone标准。

在使用0.18μm和6层金属工艺的ASIC,它的主频达到300 MHz时,OR1200可以提供300 Dhrystone 2.1 MIPS、300 MHz、32×32位的DSP乘加操作的能力。

OR1200定位于嵌入式、移动和网络应用。它能够与同类的最新的32位标量处理器竞争,并且可以运行任何现代操作系统。竞争对象包括ARM10、ARC和Tensilica的Risc处理器。

2002年12月,*EE Times*杂志发表了一篇名为*Building a custom embedded SoC platform for embedded Linux*的文章,介绍了使用以OR1200为基础的SoC和嵌入式Linux。自此,OpenRisc开始得到广泛关注。OR1200在2003年3月被瑞典一家公司采用,用于实现一个声音识别系统;在2003年6月被美国加州一家公司采用,用于实现一个定位系统;在2002年9月被Flextronic公司选中,用于集成在Flextronic的设计中,并提供商业的技术支持服务,如图1-1所示。2003年8月,Flextronic使用ASIC成功地实现了一个集成OR1200、10/100自适应Ethernet MAC控制器、32位33/66 MHz PCI接口、UART16550和存储器控制器的SoC芯片,并且成功地运行了μClinux和Linux操作系统。迄今为止,最新的一个OR1200是由ViASIC公司于2004年8月使用结构化ASIC实现的。

图1-1 Flextronic基于OR1200的SoC及基本系统

# 第 2 章

# OR1200 软核的配置

## 2.1 OR1200 软核的架构

OR1200 的标准组成的结构框图如图 2-1 所示。

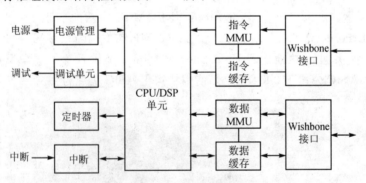

图 2-1 OR1200 的标准组成的结构框图

CPU/DSP 是 OR1200 Risc 处理器的中央部分，图 2-2 是 OR1200 CPU/DSP 的基本框图。OR1200 CPU/DSP 只实现了 OR1k 的 32 位部分。64 位部分、浮点和向量运算没有在 OR1200 中实现。因此，OR1200 只能处理 ORBIS32 指令，不支持 ORFPX32/64 和 ORVDX64 指令。OR1200 实现了 32 个 32 位的通用寄存器。OR1k 体系结构也支持寄存器的影子拷贝，以实现运行上下文的快速切换，但是这个特征还没有在 OR1200 中实现。

可编程中断控制器、滴答定时器、电源管理、调试单元大大增强了 CPU 独立工作的能力，对于软件调试和操作系统的支持简化了整体系统的设计。

由于 OR1200 一直在改进和维护,因此本书所论述的内容不可能是最新的版本。2003 年 4 月 24 日发行的 1.35 版本是比较成熟的,2003 年 7 月 8 日发行的 1.35.4.1 版添加了 QMEM(嵌入式存储器),大大增大了系统的体积,而且不稳定,直到现在还没有出现大的改进。本书所讨论的 OR1200 软核是 1.35 版。为方便读者使用,北京博创兴业科技有限公司的网站 http://www.up-tech.com 提供了 OR1200 软核的源代码。

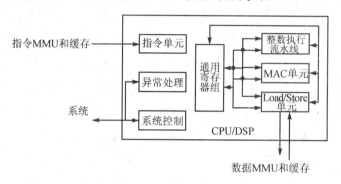

图 2-2 OR1200 CPU/DSP 的基本框图

## 2.2 OR1200 软核的组成

首先介绍配套代码的组成。实验用到的 HDL 代码在配套代码的 rtl 目录中,编译器、操作系统等软件在 sw 目录中,其他辅助软件在 tools 目录中。rtl 目录中按照 IP 分为各个子目录,其中 OR1200 的 rtl 代码在 or1200-1.35\rtl\verilog 中,仿真代码在 or1200-1.35\bench\verilog 中,仿真工程在 or1200-1.35\sim\rtl_sim\modelsim_sim 中,综合工程在 or1200-1.35\syn\quartus\EP2C35 中。其他 IP 的代码管理与此相似,因此以后不再给出路径,请读者自己寻找。

OR1200 的顶层文件是 or1200_top.v。按照功能,标准的 OR1200 的 I/O 端口可以分为 5 类:系统、指令 Wishbone 总线接口、数据 Wishbone 总线接口、调试接口和电源管理接口。各信号的宽度、方向和功能如表 2-1～表 2-5 所列。

表 2-1 OR1200 系统 I/O 端口信号

| 信号 | 宽度/位 | 方向 | 功能 | 信号 | 宽度/位 | 方向 | 功能 |
| --- | --- | --- | --- | --- | --- | --- | --- |
| clk_i | 1 | 输入 | CPU 主时钟 | pic_ints_i | 20 | 输入 | 中断 |
| rst_i | 1 | 输入 | 复位 | clmode_i | 2 | 输入 | CPU 时钟与 Wishbone 时钟比例 |

表2-2 OR1200指令Wishbone总线接口I/O端口信号

| 信号 | 宽度/位 | 方向 | 功能 | 信号 | 宽度/位 | 方向 | 功能 |
|---|---|---|---|---|---|---|---|
| iwb_clk_i | 1 | 输入 | 时钟 | iwb_stb_o | 1 | 输出 | 选通 |
| iwb_rst_i | 1 | 输入 | 复位 | iwb_we_o | 1 | 输出 | 写使能 |
| iwb_ack_i | 1 | 输入 | 响应 | iwb_sel_o | 4 | 输出 | 字节选择 |
| iwb_err_i | 1 | 输入 | 错误 | iwb_dat_o | 32 | 输出 | 数据输出 |
| iwb_rty_i | 1 | 输入 | 重试 | iwb_cab_o | 1 | 输出 | 突发 |
| iwb_dat_i | 32 | 输入 | 数据输入 | iwb_cti_o | 3 | 输出 | 循环类型 |
| iwb_cyc_o | 1 | 输出 | 循环 | iwb_bte_o | 2 | 输出 | 突发类型扩展 |
| iwb_adr_o | 32 | 输出 | 地址 | | | | |

表2-3 OR1200数据Wishbone总线接口I/O端口信号

| 信号 | 宽度/位 | 方向 | 功能 | 信号 | 宽度/位 | 方向 | 功能 |
|---|---|---|---|---|---|---|---|
| dwb_clk_i | 1 | 输入 | 时钟 | dwb_stb_o | 1 | 输出 | 选通 |
| dwb_rst_i | 1 | 输入 | 复位 | dwb_we_o | 1 | 输出 | 写使能 |
| dwb_ack_i | 1 | 输入 | 响应 | dwb_sel_o | 4 | 输出 | 字节选择 |
| dwb_err_i | 1 | 输入 | 错误 | dwb_dat_o | 32 | 输出 | 数据输出 |
| dwb_rty_i | 1 | 输入 | 重试 | dwb_cab_o | 1 | 输出 | 突发 |
| dwb_dat_i | 32 | 输入 | 数据输入 | dwb_cti_o | 3 | 输出 | 循环类型 |
| dwb_cyc_o | 1 | 输出 | 循环 | dwb_bte_o | 2 | 输出 | 突发类型扩展 |
| dwb_adr_o | 32 | 输出 | 地址 | | | | |

表2-4 OR1200调试I/O端口信号

| 信号 | 宽度/位 | 方向 | 功能 | 信号 | 宽度/位 | 方向 | 功能 |
|---|---|---|---|---|---|---|---|
| dbg_stall_i | 1 | 输入 | 停止CPU | dbg_lss_o | 4 | 输出 | Load/Store单元状态 |
| dbg_dat_i | 32 | 输入 | 数据输入 | dbg_is_o | 2 | 输出 | 指令预取状态 |
| dbg_adr_i | 32 | 输入 | 地址输入 | dbg_wp_o | 11 | 输出 | 观察点 |
| dbg_op_i | 3 | 输入 | 操作选择 | dbg_bp_o | 1 | 输出 | 断点 |
| dbg_ewt_i | 1 | 输入 | 观察点触发 | dbg_dat_o | 32 | 输出 | 数据输出 |

表 2-5  OR1200 电源管理 I/O 端口信号

| 信号 | 宽度/位 | 方向 | 功能 | 信号 | 宽度/位 | 方向 | 功能 |
|---|---|---|---|---|---|---|---|
| pm_cpustall_i | 1 | 输入 | 停止 CPU | pm_immu_gate_o | 1 | 输出 | 门控指令 MMU 时钟 |
| pm_clksd_o | 4 | 输出 | 时钟停止因数 | pm_tt_gate_o | 1 | 输出 | 门控滴答定时器时钟 |
| pm_dc_gate_o | 1 | 输出 | 门控数据缓存时钟 | pm_cpu_gate_o | 1 | 输出 | 门控 CPU 主时钟 |
| pm_ic_gate_o | 1 | 输出 | 门控指令缓存时钟 | pm_wakeup_o | 1 | 输出 | 唤醒 |
| pm_dmmu_gate_o | 1 | 输出 | 门控数据 MMU 时钟 | pm_lvolt_o | 1 | 输出 | 低压状态 |

但是为了便于调试，在提供的代码中，增加了一个输入信号 eph_mode，该信号用来控制 CPU 复位以后 PC 指针的初始值。当 eph_mode 为高时，CPU 从 0xF0000100 开始执行；反之，从 0x00000100 开始执行。

使用 ModelSim 打开仿真目录下的 or1200.mpf，执行 run.do 宏，进行自动编译和仿真。执行完毕后，注意 ModelSim 的 WorkSpace 窗口的 sim 页，单击 or1200_top_0 前的"+"，打开 or1200_top_0，如图 2-3 所示，可以看到 OR1200 的总体结构，表 2-6 所列是 ORi200 各个子模块的功能。

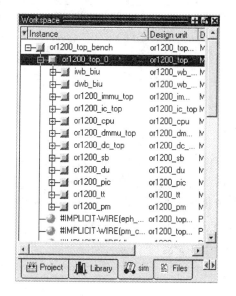

图 2-3  OR1200 的总体结构

表 2-6  OR1200 各子模块功能

| 子模块名称 | 功能 |
|---|---|
| or1200_cpu | CPU/DSP 模块 |
| iwb_biu | 指令 Wishbone 总线接口 |
| dwb_biu | 数据 Wishbone 总线接口 |
| or1200_immu_top | 指令 MMU 模块 |
| or1200_ic_top | 数据 MMU 模块 |
| or1200_dmmu_top | 指令 Cache 模块 |
| or1200_dc_top | 数据 Cache 模块 |
| or1200_sb | Store Buffer 模块 |
| or1200_du | 调试单元 |
| or1200_pic | 可编程中断控制器 |
| or1200_tt | 滴答定时器 |
| or1200_pm | 电源管理 |

打开 or1200_cpu，可以看到如图 2-4 所示的 OR1200 CPU 的各个子模块，各子模块的功能如表 2-7 所列。

# 开源软核处理器 OpenRisc 的 SOPC 设计

表 2-7 OR1200 CPU 子模块功能

| 子模块名称 | 功 能 |
|---|---|
| or1200_genpc | PC（程序计数器）发生器 |
| or1200_if | 指令预取模块 |
| or1200_ctrl | 指令译码、控制模块 |
| or1200_rf | 通用寄存器文件 |
| or1200_operandmuxes | 操作码译码模块 |
| or1200_alu | CPU 的 ALU 模块 |
| or1200_mult_mac | CPU 的乘法、乘加模块 |
| or1200_sprs | 特殊寄存器文件 |
| or1200_lsu | Load/Store 模块 |
| or1200_wbmux | 回写控制模块 |
| or1200_freeze | 暂停逻辑控制模块 |
| or1200_except | 异常控制模块 |
| or1200_cfgr | 配置寄存器文件 |

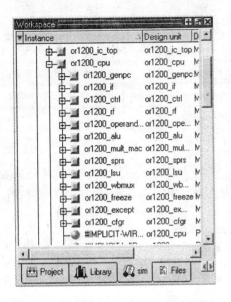

图 2-4 OR1200 的 CPU 子模块结构

## 2.3 OR1200 软核的配置

OR1200 的配置是由 or1200_define.v 文件决定的。原版 or1200_define.v 的第 1~42 行是版权声明，第 43~209 行是版本信息。阅读版本信息对于了解 OR1200 的发展和解决遇到的问题都有很大帮助。从第 210 行开始是宏定义，通过注释、修改 or1200_define.v 中的宏定义就可以改变 OR1200 的配置和某些参数。下面简单讲述 or1200_define.v 中最重要的宏定义的作用，如表 2-8 所列，其中行号表示这个宏定义在 or1200_define.v 中的位置。

表 2-8 or1200_define.v 中的宏定义

| 行 号 | 宏定义 | 注释时的作用 | 取消注释时的作用 |
|---|---|---|---|
| 221 | OR1200_ASIC | 使用 FPGA 作为实现技术 | 使用 ASIC 作为实现技术 |
| 231~236 | | 选择使用 ASIC 实现时的存储器实现技术 | |
| 240 | OR1200_NO_DC | 使用 ASIC 实现时配备数据缓存 | 使用 ASIC 实现时不配备数据缓存 |
| 246 | OR1200_NO_IC | 使用 ASIC 实现时配备指令缓存 | 使用 ASIC 实现时不配备指令缓存 |

续表 2-8

| 行 号 | 宏定义 | 注释时的作用 | 取消注释时的作用 |
|---|---|---|---|
| 251 | OR1200_NO_DMMU | 使用 ASIC 实现时配备数据存储器管理器 | 使用 ASIC 实现时不配备数据存储器管理器 |
| 256 | OR1200_NO_IMMU | 使用 ASIC 实现时配备指令存储器管理器 | 使用 ASIC 实现时不配备指令存储器管理器 |
| 261~262 | | 选择使用 ASIC 优化的 32×32 乘法器或者通用 32×32 乘法器 | |
| 267~270 | | 选择使用 ASIC 实现时指令和数据缓存的大小是 4 KB 或 8 KB | |
| 283~287 | | 选择使用 FPGA 实现时的存储器实现技术,也就是选择 FPGA 的类型 | |
| 292 | OR1200_NO_DC | 使用 FPGA 实现时配备数据缓存 | 使用 FPGA 实现时不配备数据缓存 |
| 297 | OR1200_NO_IC | 使用 FPGA 实现时配备指令缓存 | 使用 FPGA 实现时不配备指令缓存 |
| 302 | OR1200_NO_DMMU | 使用 FPGA 实现时配备数据存储器管理器 | 使用 FPGA 实现时不配备数据存储器管理器 |
| 307 | OR1200_NO_IMMU | 使用 FPGA 实现时配备指令存储器管理器 | 使用 FPGA 实现时不配备指令存储器管理器 |
| 321~324 | | 选择使用 FPGA 实现时指令和数据缓存的大小是 4 KB 或 8 KB | |
| 348 | OR1200_REGISTERED_OUTPUTS | 禁止总线输出信号的寄存器输出模式 | 使能总线输出信号的寄存器输出模式 |
| 355 | OR1200_REGISTERED_INPUTS | 禁止总线输入信号的寄存器输出模式 | 使能总线输入信号的寄存器输出模式 |
| 361 | OR1200_NO_BURSTS | 配置缓存时使能 BURST 传输模式 | 配置缓存时禁止 BURST 传输模式 |
| 386 | OR1200_WB_CAB | 配置 Wishbone 总线接口 CAB 信号 | 不配置 Wishbone 总线接口 CAB 信号 |
| 496 | OR1200_MULT_IMPLEMENTED | 配置乘法器 | 不配置乘法器 |
| 505 | OR1200_MAC_IMPLEMENTED | 配置乘加器 | 不配置乘加器 |
| 530~531 | | CPU 时钟和 Wishbone 总线时钟的比例关系 | |
| 536~543 | | 通用寄存器文件实现方法 | |
| 555~667 | | ALU 单元操作码 | |
| 689~738 | | CPU 操作码 | |
| 785~800 | | 异常向量 | |

续表 2-8

| 行　号 | 宏定义 | 注释时的作用 | 取消注释时的作用 |
|---|---|---|---|
| 803~827 |  | 特殊寄存器组总体定义 |  |
| 830~870 |  | 系统特殊寄存器组定义 |  |
| 879 | OR1200 _ PM _ IMPLEMENTED | 不配置电源管理单元 | 配置电源管理单元 |
| 881~901 |  | 电源管理单元特殊寄存器组定义 |  |
| 910 | OR1200 _ DU _ IMPLEMENTED | 不配置调试单元 | 配置调试单元 |
| 916 | OR1200 _ DU _ TB _ IMPLEMENTED | 不配置跟踪缓冲 | 配置跟踪缓冲 |
| 919~986 |  | 调试单元特殊寄存器组定义 |  |
| 994 | OR1200 _ PIC _ IMPLEMENTED | 不配置可编程中断控制器 | 配置可编程中断控制器 |
| 997~1014 |  | 可编程中断控制器特殊寄存器组定义 |  |
| 1023 | OR1200 _ TT _ IMPLEMENTED | 不配置滴答定时器单元 | 配置滴答定时器单元 |
| 1026~1043 |  | 滴答定时器单元特殊寄存器组定义 |  |
| 1054~1112 |  | 数据存储器管理器定义 |  |
| 1115~1172 |  | 指令存储器管理器定义 |  |
| 1175~1201 |  | 指令缓存定义 |  |
| 1204~1233 |  | 数据缓存定义 |  |
| 1264 | OR1200 _ SB _ IMPLEMENTED | 不配置 Store Buffer | 配置 Store Buffer |
| 1296 | OR1200_CFGR_IMPLEMENTED | 不配置"配置特殊寄存器" | 配置"配置特殊寄存器" |
| 1289~1555 |  | "配置特殊寄存器"定义 |  |

　　需要注意的是，在 or1200_define.v 中的很多宏定义是不能改变的，通常这类宏前面的说明会指出这一点，比如第 420 行关于操作码宽度的定义。此外，还有一些宏在不处于默认状态时也会使系统处于不能工作的状态，这属于这个版本的 BUG，还有一些宏定义需要其他宏的定义才能使用。因此，在以后的实验中，将采用一个标准的 or1200_define.v 文件，以避免不必要的麻烦。

为了了解 OR1200 的结构,我们将改变 or1200_define.v 中的某些宏定义,重新进行编译,观察结构的变化,观察综合结果的变化。要改变 or1200_define.v 的所有宏,以实现上述目的,在本实验系统里是不现实的,也是没有实际意义的;因此在使用 FPGA 作为实现技术的前提下,选择几个对系统影响大、效果明显,并且改变后的系统经过验证可以实际运行的宏定义进行实验,这些宏定义就是表 2-8 中加阴影部分的宏。为了再加快实验速度,去掉不必要的组合,我们以一些典型应用为基础,建立了如表 2-9 所列的宏定义组合表,按照该组合表进行实验。

表 2-9 OR1200 的综合结果比较表

| 项目 \ 配置 | 配置1 | 配置2 | 配置3 | 配置4 |
| --- | --- | --- | --- | --- |
| 数据缓存 | √ | √ | √ | |
| 指令缓存 | √ | √ | √ | |
| 数据 MMU | √ | √ | | |
| 指令 MMU | √ | √ | | |
| 缓存大小 | 8 KB | 4 KB | 4 KB | |
| 乘法器 | √ | √ | √ | |
| 乘加器 | √ | | √ | |
| 综合结果 | | | | |
| 应用环境 | 最大系统 | 通用 | DSP | 最小系统 |

注:"√"表示配置中包含此项目。

配置 1:最大系统。配置所有模块和单元,8 KB 指令(或数据)缓存。指令 MMU 和指令 Cache 的结构如图 2-5 和图 2-6 所示。指令 MMU 的一个主要组成部分是指令地址变换缓冲存储器(ITLB)。ITLB 有 2 个 RAM,分别用于实现 ITLB 的比较寄存器(Match)和翻译寄存器(Translate)。

指令 Cache 由指令缓存有限状态机(FSM)、指令缓存主存储器(RAM)和标记存储器(TAG)组成。指令缓存有限状态机控制指令缓存的运行,指令缓存主存储器用于存储缓存的指令,标记存储器用于存储缓存的地址标记。数据 MMU 和数据 Cache 的结构与指令基本相同,在此不再详述。

配置 2:通用应用。配置除 DSP 单元的所有模块和单元,4 KB 指令(或数据)缓存。

配置 3:DSP 应用。配置除指令/数据 MMU 以外的所有模块和单元,4 KB 指令/4 KB 数据缓存。如图 2-7 所示,去掉指令 MMU 以后,指令 MMU 模块的结构发生很大变化。

配置 4:最小系统。配置除指令/数据 MMU、指令/数据缓存和 DSP 单元的所有模块和单元。由于去掉了指令Cache,因此指令Cache模块发生变化,指令缓存主存储器和标记存储器的RAM块都没有了,如图2-8所示。由于OR1200的CPU对外部总线的访问必须通过Cache,因此指令缓存有限状态机的变化不大,这是为了保证系统的正常工作。

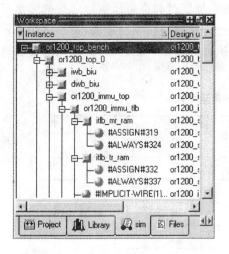

图2-5 OR1200的最大系统的指令MMU结构

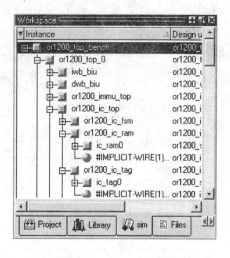

图2-6 OR1200的最大系统的指令缓存结构

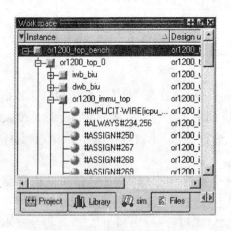

图2-7 OR1200的DSP配置的指令MMU结构

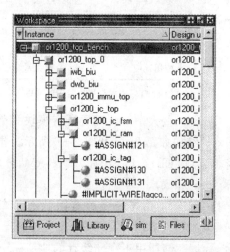

图2-8 OR1200的最小系统的指令缓存结构

# 第 3 章

# Wishbone 片上总线

## 3.1 Wishbone 总线概述

Wishbone 是 Silicore 公司最先提出的，现在已被移交给 OpenCores 组织维护。由于其开放性，现在已有不少的用户群体，特别是一些免费的 IP 核，大多数都采用 Wishbone 标准。

Wishbone 总线规范是一种片上系统 IP 核互连体系结构。它定义了一种 IP 核之间公共的逻辑接口，减轻了系统组件集成的难度，提高了系统组件的可重用性、可靠性和可移植性，加快了产品市场化的速度。Wishbone 总线规范可用于软核、固核和硬核，对开发工具和目标硬件没有特殊要求，并且兼容绝大多数已有的综合工具，可以用多种硬件描述语言来实现。

Wishbone 总线规范的目的是作为一种 IP 核之间的通用接口，因此它定义了一套标准的信号和总线周期，以连接不同的模块，而不是试图去规范 IP 核的功能和接口。

Wishbone 总线结构十分简单，它仅仅定义了一条高速总线。在一个复杂的系统中，可以采用两条 Wishbone 总线的多级总线结构：其一用于高性能系统部分，其二用于低速外设部分，两者之间需要一个接口。这个接口虽然占用一些电路资源，但这比设计并连接两种不同的总线要简单多了。用户可以按需要自定义 Wishbone 标准，如字节对齐方式和标志位(TAG)的含义等，还可以加上一些其他的特性。

灵活性是 Wishbone 总线的另一个优点。由于 IP 核种类多样，其间并没有一种统一的间接方式。为满足不同系统的需要，Wishbone 总线提供了 4 种不同的 IP 核互连方式：

- 点到点(Point to Point)：用于两 IP 核直接互连，如图 3-1 所示；
- 数据流(Data Flow)：用于多个串行 IP 核之间的数据并发传输，如图 3-2 所示；

> 共享总线(Shared Bus)：多个 IP 核共享一条总线，如图 3-3 所示；
> 交叉开关(Crossbar Switch)：同时连接多个主从部件，提高系统吞吐量，如图 3-4 所示。

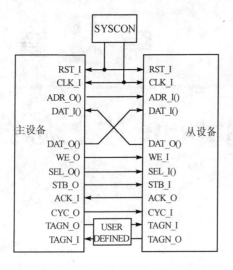

图 3-1　Point to Point 互连结构

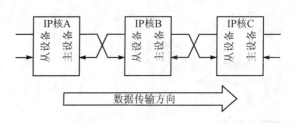

图 3-2　Data Flow 互连结构

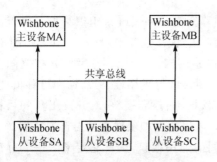

图 3-3　Share Bus 互连结构

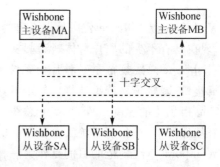

图 3-4　Crossbar Switch 互连结构

还有一种片外连接方式 off-chip，可以连接到上面任何一种互连网络中。比如说，2 个有 Wishbone 接口的不同芯片之间就可以用点到点方式进行连接，如图 3-5 所示。

Wishbone 总线的主要特征如下：
> 所有应用适用于同一种总线体系结构；
> 是一种简单、紧凑的逻辑 IP 核硬件接口，只需很少的逻辑单元即可实现；
> 时序非常简单；
> 主/从结构的总线，支持多个总线主设备；

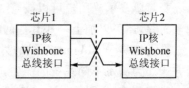

图 3-5　Off-chip 互连结构

- 8～64 位数据总线（可扩充）；
- 单周期读/写；
- 支持所有常用的总线数据传输协议，如单字节读/写周期、块传输周期、控制操作及其他的总线事务等；
- 支持多种 IP 核互连网络，如单向总线、双向总线、基于多路互用的互连网络、基于三态的互连网络等；
- 支持总线周期的正常结束、重试结束和错误结束；
- 使用用户自定义标记（TAG），确定数据传输类型、中断向量等；
- 仲裁器机制由用户自定义；
- 独立于硬件技术（FPGA、ASIC、bipolar、MOS 等）、IP 核类型（软核、固核、硬核）、综合工具、布局和布线技术等。

## 3.2 Wishbone 总线信号和时序

###  3.2.1 Wishbone 总线信号

Wishbone 总线信号分为 4 类：系统控制信号、主从共有信号、主设备信号和从设备信号。

（1）系统控制信号

系统控制信号包括：

CLK_O   系统时钟输出。由 SYSCON 模块（系统控制模块）产生，它同步 Wishbone 互连的所有内部信号有效。INTERCON（主/从设备连接）模块连接 CLK_O 和主从设备的 CLK_I 信号。

RST_O   复位输出。由 SYSCON 模块产生，它强制所有的 Wishbone 接口重新启动。所有的内部自启动状态机将被强制处于初始状态。INTERCON 模块（主/从设备连接模块）连接 RST_O 和主从设备的 RST_I 信号。

（2）主从共有信号

主从共有信号包括：

CLK_I   时钟输入。同步 Wishbone 互连的所有内部信号有效。所有的 Wishbone 输出信号在 CLK_I 的上升沿寄存，在 CLK_I 的上升沿以前处于稳定状态。

DAT_I()   数据输入总线。用来传递二进制数据。总线的边界由端口大小决定，端口的最大值是 64 位（比如 DAT_I[0:63]）。

DAT_O()   数据输出总线。用来传递二进制数据。总线的边界由端口大小决定，端口的最大值是 64 位（比如 DAT_O[0:63]）。

RST_I　复位输入。强制 Wishbone 接口重新启动。此外,所存的内部自启动状态机将被强制处于初始状态。这个信号只复位 Wishbone 接口,不需要复位 IP Core 的其他部分。

TGD_I()　数据标记类型。用在主设备和从设备的接口上。它包含与数据输入总线 DAT_I()有关的信息,并且由 STB_I 信号决定有效性。比如,奇偶保护、错误修正和时序标记信息可以附加在数据总线上。由于新信号的时序已经预先定义,这些标记位简化了新信号的定义工作。在接口的数据手册中必须定义数据标记的名称和操作。

TGD_O()　数据标记类型。用在主设备和从设备的接口上。它包含与数据输出总线 DAT_O()有关的信息,并且由 STB_I 信号决定有效性。由于新信号的时序已经预先定义,这些标记位简化了新信号的定义工作。在接口的数据手册中必须定义数据标记的名称和操作。

(3) 主设备信号

主设备信号包括:

ACK_I　应答输入。当它有效时,表明一个总线循环的正常结束。

ADR_O()　地址输出总线。用于传递二进制地址。总线的高端边界由 IP Core 的地址总线的宽度决定,总线的低端边界由数据端口的宽度和粒度决定。比如,一个 32 位的数据端口的字节粒度是 ADR_O[2:n]。对于有些情况(比如 FIFO 接口),在接口中没有这个总线。

CYC_O　循环输出。当它有效时,表明正在进行一个正确的总线循环。这个信号在所有总线循环的持续过程中保持有效。比如,在一个块传送过程中会有多次数据传送。CYC_O 在多端口接口(比如双口存储器的接口)中很有用。在这种情况下,CYC_O 信号需要使用仲裁器提供的共有总线。

ERR_I　错误输入。指示一次错误的总线循环的结束。错误源和主设备的反应由 IP Core 的提供方定义。

LOCK_O　锁定输出。当它有效时,表明当前的总线循环不能被打断。锁定信号用于声明需要获得对总线完全拥有权。一旦传送开始,INTERCON 模块不会将总线的控制权交给其他主设备,直到当前主设备放弃 LOCK_O 或 CYC_O。

RTY_I　重试输入。指示接口没有准备好接收或者发送数据,并且循环应当重试。何时以及如何进行重试由 IP Core 的提供方定义。

SEL_O()　选择输出总线。指示在 READ 循环时有效数据在 DAT_I()总线中的位置,以及在 WRITE 循环时有效数据在 DAT_O()总线中的位置。选择输出总线的边界由端口的粒度决定。比如,如果在一个 64 位的端口中使用 8 位的粒度,那么选择输出总线将有 8 个信号,边界是 SEL_O[0:7]。每个单独的选择信号确定 64 位数据总线的 8 个有效字节中的一个。

STB_O　选通输出。指示一个有效的数据传输循环。它用于确定像 SEL_O() 这样的接口上的其他信号的有效性。对于每个 STB_O 信号的声明，从设备需要声明 ACK_I、ERR_I 或者 RTY_I 信号。

TGA_O()　地址标记类型。包含与地址线 ADR_O() 有关的信息，并且由 STB_O 信号确定有效性。比如，地址尺寸(24 位、32 位)和存储器管理(保护与非保护)信息可以附加在某一个地址上。由于新信号的时序已经预先定义，这些标记位简化了新信号的定义工作。在接口的数据手册中必须定义数据标记的名称和操作。

TGC_O()　循环标记类型。包含与总线循环有关的信息，并且由 CYC_O 信号决定有效性。比如，数据传输、中断响应和缓存控制循环由循环标记来惟一确定。它们也可以用来区别 SINGLE、BLOCK 和 RMW 循环。由于新信号的时序已经预先定义，这些标记位简化了新信号的定义工作。在接口的数据手册中必须定义数据标记的名称和操作。

WE_O　写使能输出。指示当前的本地总线循环是有个 READ 循环还是 WRITE 循环。这个信号在 READ 循环中是无效的，在 WRITE 循环中是有效的。

(4) 从设备信号

从设备信号包括：

ACK_O　应答输出。当它有效时，表明一个总线循环的正常结束。

ADR_I()　地址输入总线。用于传递二进制地址。总线的高端边界由 IP Core 的地址总线的宽度决定，总线的低端边界由数据端口的宽度和粒度决定。比如，一个 32 位的数据端口的字节粒度是 ADR_O[2:n]。对于有些情况(比如 FIFO 接口)，在接口中没有这个总线。

CYC_I　循环输入。当它有效时，表明正在进行一个正确的总线循环。这个信号在所有总线循环的持续过程中保持有效。比如，在一个块传送过程中会有多次数据传送。CYC_I 信号在第一次数据传输时有效，并且一直保持到最后一个数据传输。

ERR_O　错误输出。指示一次错误的总线循环的结束。错误源和主设备的反应由 IP Core 的提供方定义。

LOCK_I　锁定输入。当它有效时，表明当前的总线循环不能被打断。一个收到 LOCK_I 信号的从设备只能被一个主设备访问，直到 LOCK_I 或 CYC_I 无效。

RTY_O　重试输出。指示接口没有准备好接收或发送数据，并且循环应当重试。何时以及如何进行重试由 IP Core 的提供方定义。

SEL_I()　选择输入总线。指示在 WRITE 循环时有效数据在 DAT_I() 总线中的位置，和在 READ 循环时有效数据在 DAT_O() 总线中的位置。选择输出总线的边界由端口的粒度决定。比如，如果在一个 64 位的端口中使用 8 位的粒度，那么选择输出总线将有 8 个信号,边界是 SEL_I[0:7]。每个单独的选择信号确定 64 位数据总线的 8 个有效字节中的一个。

STB_I　　选通输入。当它有效时,指示这个从设备被选中。当 STB_I 有效时,一个从设备应当只对其他的 Wishbone 信号做出反应。对于每个 STB_I 信号的声明,从设备需要声明 ACK_O、ERR_O 或 RTY_O。

TGA_I　　地址标记类型。包含与地址线 ADR_I() 有关的信息,并且由 STB_O 信号确定有效性。比如,地址尺寸(24 位、32 位)和存储器管理(保护与非保护)信息可以附加在某一个地址上。由于新信号的时序已经预先定义,这些标记位简化了新信号的定义工作。在接口的数据手册中必须定义数据标记的名称和操作。

TGC_I()　　循环标记类型。包含与总线循环有关的信息,并且由 CYC_I 信号决定有效性。比如,数据传输、中断响应和缓存控制循环由循环标记来惟一确定。他们也可以用来区别 SINGLE、BLOCK 和 RMW 循环。由于新信号的时序已经预先定义,这些标记位简化了新信号的定义工作。在接口的数据手册中必须定义数据标记的名称和操作。

WE_I　　写使能输入。指示当前的本地总线循环是有个 READ 循环还是 WRITE 循环。这个信号在 READ 循环中是无效的,在 WRITE 循环中是有效的。

## 3.2.2　Wishbone 总线循环

典型的 Wishbone 总线循环有 5 种:SINGLE READ、SINGLE WRITE、BLOCK READ、BLOCK WRITE 和 RMW。

**1. SINGLE READ 循环**

SINGLE READ 循环如图 3-6 所示,流程如下:

(1) 时钟沿 0

① 主设备在 ADR_O() 和 TGA_O() 上提供一个有效的地址。
② 主设备无效 WE_O,以指示一个 READ 循环。
③ 主设备提供选择信号 SEL_O(),以指示数据的位置。
④ 主设备声明 CYC_O 和 TGC_O(),以指示循环的开始。
⑤ 主设备声明 STB_O,以指示一次传输的开始。

(2) 准备沿 1

① 从设备译码输入,并相应地声明 ACK_I。
② 从设备在 DAT_I() 和 TGD_I() 上提供有效的数据。
③ 从设备根据 STB_O 声明 ACK_I,以指示数据有效。
④ 主设备监视 ACK_I,并且准备锁存 DAT_I() 和 TGD_I() 上的数据。

☞ **注意**：从设备可以在有效 ACK_I 之前插入任意数量的等待状态（-WSS-），从而降低循环速度。

(3) 时钟沿 1

① 主设备锁存 DAT_I() 和 TGD_I() 上的数据。

② 主设备无效 STB_O 和 CYC_O，以指示循环的结束。

③ 从设备根据 STB_O 的无效而无效 ACK_I。

### 2. SINGLE WRITE 循环

SINGLE WRITE 循环如图 3-7 所示，流程如下：

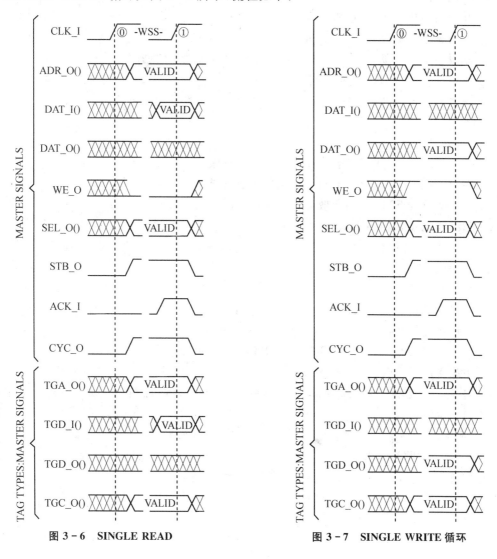

图 3-6  SINGLE READ          图 3-7  SINGLE WRITE 循环

(1) 时钟沿 0

① 主设备在 ADR_O() 和 TGA_O() 上提供一个有效的地址。
② 主设备在 DAT_O() 和 TGD_O() 上提供有效的数据。
③ 主设备声明 WE_O，以指示一个 WRITE 循环。
④ 主设备提供选择信号 SEL_O()，以指示数据的位置。
⑤ 主设备声明 CYC_O 和 TGC_O()，以指示循环的开始。
⑥ 主设备声明 STB_O，以指示一次传输的开始。

(2) 准备沿 1

① 从设备译码输入，并且相应地声明 ACK_I。
② 从设备准备锁存 DAT_O() 和 TGD_O() 上的数据。
③ 从设备根据 STB_O 声明 ACK_I，以指示主设备锁存数据。
④ 主设备监视 ACK_I，并且准备结束循环。

☞ 注意：从设备可以在有效 ACK_I 之前插入任意数量的等待状态（-WSS-），从而降低循环速度。

(3) 时钟沿 1

① 从设备锁存 DAT_O() 和 TGD_O() 上的数据。
② 主设备无效 STB_O 和 CYC_O，以指示循环结束。
③ 从设备根据 STB_O 的无效而无效 ACK_I。

### 3. BLOCK READ 循环

BLOCK READ 循环如图 3-8 所示，流程如下：

(1) 时钟沿 0

① 主设备在 ADR_O() 和 TGA_O() 上提供一个有效的地址。
② 主设备无效 WE_O，以指示一个 READ 循环。
③ 主设备提供选择信号 SEL_O()，以指示数据的位置。
④ 主设备声明 CYC_O 和 TGC_O()，以指示循环开始。
⑤ 主设备声明 STB_O，以指示一次传输的开始。

☞ 注意：主设备可以在时钟沿 1 或者时钟沿 1 之前的任何时间声明 CYC_O 和/或 TGC_O()。

(2) 准备沿 1

① 从设备译码输入，并且声明 ACK_I。
② 从设备在 DAT_I() 和 TGD_I() 上提供有效的数据。
③ 主设备监视 ACK_I，并且准备锁存 DAT_I() 和 TGD_I()。

(3) 时钟沿 1

① 主设备锁存 DAT_I() 和 TGD_I() 上的数据。

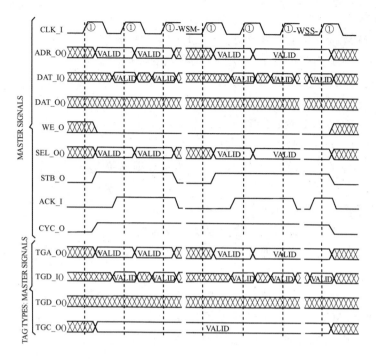

图 3-8 BLOCK READ 循环

② 主设备提供新的 ADR_O() 和 TGA_O()。

③ 主设备提供新的选择信号 SEL_O(),以指示数据的位置。

(4) 准备沿 2

① 从设备译码输入,并相应地声明 ACK_I。

② 从设备在 DAT_I() 和 TGD_I() 上提供有效的数据。

③ 主设备监视 ACK_I,并且准备锁存 DAT_I() 和 TGD_I()。

(5) 时钟沿 2

① 主设备锁存 DAT_I() 和 TGD_I() 上的数据。

② 主设备无效 STB_O,以加入一个等待状态(-WSM-)。

(6) 准备沿 3

从设备根据 STB_O 无效 ACK_I。

☞ 注意:主设备在这里可以声明任意数量的等待状态。

(7) 时钟沿 3

① 主设备提供新的 ADR_O() 和 TGA_O()。

② 主设备提供新的选择信号 SEL_O(),以指示数据的位置。

③ 主设备声明 STB_O。

(8) 准备沿 4

① 从设备译码输入,并相应地声明 ACK_I。

② 从设备在 DAT_I() 和 TGD_I() 上提供有效的数据。

③ 主设备监视 ACK_I,并且准备锁存 DAT_I() 和 TGD_I()。

(9) 时钟沿 4

① 主设备锁存 DAT_I() 和 TGD_I() 上的数据。

② 主设备提供 ADR_O() 和 TGA_O()。

③ 主设备提供新的选择信号 SEL_O(),以指示数据的位置。

(10) 准备沿 5

① 从设备译码输入,并相应地声明 ACK_I。

② 从设备在 DAT_I() 和 TGD_I() 上提供有效的数据。

③ 主设备监视 ACK_I,并且准备锁存 DAT_I() 和 TGD_I()。

(11) 时钟沿 5

① 主设备锁存 DAT_I() 和 TGD_I() 上的数据。

② 从设备无效 ACK_I,以加入一个等待状态。

☞ 注意:从设备在这时可以加入任意数量的等待状态。

(12) 准备沿 6

① 从设备译码输入,并相应地声明 ACK_I。

② 从设备在 DAT_I() 和 TGD_I() 上提供有效的数据。

③ 主设备监视 ACK_I,并且准备锁存 DAT_I() 和 TGD_I()。

(13) 时钟沿 6

① 主设备锁存 DAT_I() 和 TGD_I() 上的数据。

② 主设备通过无效 STB_O 和 CYC_O,结束循环。

## 4. BLOCK WRITE 循环

BLOCK WRITE 循环如图 3-9 所示,流程如下:

(1) 时钟沿 0

① 主设备提供 ADR_O() 和 TGA_O()。

② 主设备声明 WE_O,以指示一个 WRITE 循环。

③ 主设备提供选择信号 SEL_O(),以指示数据的位置。

④ 主设备声明 CYC_O 和 TGC_O(),以指示循环开始。

⑤ 主设备声明 STB_O。

☞ 注意:主设备可以在时钟沿 1 或者时钟沿 1 之前的任何时间声明 CYC_O 和/或 TGC_O()。

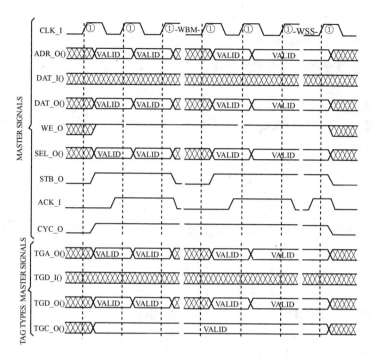

图 3-9 BLOCK WRITE 循环

(2) 准备沿 1

① 从设备译码输入，并相应地声明 ACK_I。
② 从设备准备锁存 DAT_O() 和 TGD_O() 上的数据。
③ 主设备监视 ACK_I，并且准备结束当前的数据传输。

(3) 时钟沿 1

① 从设备锁存 DAT_O() 和 TGD_O() 上的数据。
② 主设备提供 ADR_O() 和 TGA_O()。
③ 主设备提供新的选择信号 SEL_O()，以指示数据的位置。

(4) 准备沿 2

① 从设备译码输入，并相应地声明 ACK_I。
② 从设备准备锁存 DAT_O() 和 TGD_O() 上的数据。
③ 主设备监视 ACK_I，并且准备结束当前的数据传输。

(5) 时钟沿 2

① 从设备锁存 DAT_O() 和 TGD_O() 上的数据。
② 主设备无效 STB_O，以加入一个等待状态(-WSM-)。

(6) 准备沿 3

从设备根据 STB_O 无效 ACK_I。

☞ 注意：主设备在这时可以声明任意数量的等待状态。

(7) 时钟沿 3

① 主设备提供 ADR_O()和 TGA_O()。

② 主设备提供选择信号 SEL_O()，以指示数据的位置。

③ 主设备声明 STB_O。

(8) 准备沿 4

① 从设备译码输入，并相应地声明 ACK_I。

② 从设备准备锁存 DAT_O()和 TGD_O()上的数据。

③ 主设备监视 ACK_I，并且准备结束数据传输。

(9) 时钟沿 4

① 从设备锁存 DAT_O()和 TGD_O()上的数据。

② 主设备提供 ADR_O()和 TGA_O()。

③ 主设备提供新的选择信号 SEL_O()，以指示数据的位置。

(10) 准备沿 5

① 从设备译码输入，并相应地声明 ACK_I。

② 从设备准备锁存 DAT_O()和 TGD_O()上的数据。

③ 主设备监视 ACK_I，并且准备结束数据传输。

(11) 时钟沿 5

① 从设备锁存 DAT_O()和 TGD_O()上的数据。

② 从设备无效 ACK_I，以加入一个等待状态。

☞ 注意：从设备在这时可以加入任意数量的等待状态。

(12) 准备沿 6

① 从设备译码输入，并相应地声明 ACK_I。

② 从设备准备锁存 DAT_O()和 TGD_O()上的数据。

③ 主设备监视 ACK_I，并且准备结束数据传输。

(13) 时钟沿 6

① 从设备锁存 DAT_O()和 TGD_O()上的数据。

② 主设备通过无效 STB_O 和 CYC_O，结束循环。

## 5. RMW 循环

RMW 循环如图 3-10 所示，流程如下：

(1) 时钟沿 0

① 主设备提供 ADR_O()和 TGA_O()。

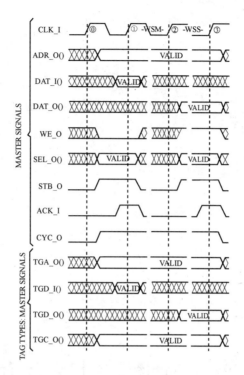

图 3-10 RMW 循环

② 主设备无效 WE_O,以指示一个 READ 循环。
③ 主设备提供选择信号 SEL_O(),以指示数据的位置。
④ 主设备声明 CYC_O 和 TGC_O(),以指示循环开始。
⑤ 主设备声明 STB_O。

☞ 注意:主设备可以在时钟沿 1 或者时钟沿 1 之前的任何时间声明 CYC_O 和/或 TGC_O()。TAGN_O 信号可选择。

(2) 准备沿 1
① 从设备译码输入,并相应地声明 ACK_I。
② 从设备在 DAT_I() 和 TGD_I() 上提供有效的数据。
③ 主设备监视 ACK_I,并且准备锁存 DAT_I() 和 TGD_I()。

(3) 时钟沿 1
① 主设备锁存 DAT_I() 和 TGD_I() 上的数据。
② 主设备无效 STB_O,以加入一个等待状态(- WSM -)。

(4) 准备沿 2
① 从设备根据 STB_O 无效 ACK_I。

② 主设备声明 WE_O,以指示一个 WRITE 循环。

☞ **注意**：主设备在这时可以加入任意数量的等待状态。

(5) 时钟沿 2

① 主设备提供 WRITE 数据 onDAT_O() 和 TGD_O()。

② 主设备提供新的选择信号 SEL_O(),以指示数据的位置。

③ 主设备声明 STB_O。

(6) 准备沿 3

① 从设备译码输入,并相应地声明 ACK_I。

② 从设备准备锁存 DAT_O() 和 TGD_O() 上的数据。

③ 主设备监视 ACK_I,并且准备结束数据传输。

☞ **注意**：从设备在这时可以加入任意数量的等待状态。

(7) 时钟沿 3

① 从设备锁存 DAT_O() 和 TGD_O() 上的数据。

② 主设备无效 STB_O 和 CYC_O,指示循环结束。

③ 从设备根据 STB_O 的无效而无效 ACK_I。

###  3.2.3 Wishbone 互连接口、结构及工作原理

wb_conbusex 里的 wb_conbusex_top 是在 Open Cores 的 wb_conbus 基础上改进而来的一个具有 8 个主设备接口、16 个从设备接口、32 位数据、32 位地址、循环优先级、共享总线(Shared Bus)类型的 Wishbone 互连 IP。使用共享总线和循环优先级结构的缺点是使用不够灵活,多个主设备不能同时使用总线;优点是可以大大降低逻辑资源的消耗量,提高速度。因此,在本实验系统里使用 wb_conbusex_top 作为 Wishbone 的互连 IP。wb_conbusex_top 的 I/O 端口信号分为 3 大类：系统信号(见表 3-1)、主设备信号(见表 3-2)和从设备信号(见表 3-3)。表中的 mx_dat_i 表示第 x 个主设备接口的数据输入信号,sx_dat_i 表示第 x 个从设备接口的数据输入信号。

突发类型扩展信号 cab 比较特殊,它实际上是与 TGC_O 和 TGC_I 类似,属于 IP Core 提供方定义的信号,但是由于很多支持 Wishbone 的 IP Core 都有这个信号,也可以将该信号看作 Wishbone 的一个标准信号。

表 3-1　wb_conbus2_top 系统 I/O 端口信号

| 信号 | 宽度 | 方向 | 功能 |
| --- | --- | --- | --- |
| clk_i | 1 | 输入 | 时钟 |
| rst_i | 1 | 输入 | 复位 |

表 3－2　wb_conbus2_top 主设备 I/O 端口信号

| 信号 | 宽度 | 方向 | 功能 |
| --- | --- | --- | --- |
| mx_dat_i | 32 | 输入 | 第 x 个主设备接口的数据输入 |
| mx_dat_o | 32 | 输出 | 第 x 个主设备接口的数据输出 |
| mx_adr_i | 32 | 输入 | 第 x 个主设备接口的地址输入 |
| mx_sel_i | 4 | 输入 | 第 x 个主设备接口的选择输入 |
| mx_we_i | 1 | 输入 | 第 x 个主设备接口的写使能输入 |
| mx_cyc_i | 1 | 输入 | 第 x 个主设备接口的循环输入 |
| mx_stb_i | 1 | 输入 | 第 x 个主设备接口的选通输入 |
| mx_ack_o | 1 | 输出 | 第 x 个主设备接口的响应输出 |
| mx_err_o | 1 | 输出 | 第 x 个主设备接口的错误输出 |
| mx_rty_o | 1 | 输出 | 第 x 个主设备接口的重试输出 |
| mx_cab_i | 1 | 输入 | 第 x 个主设备接口的突发类型扩展输入 |

表 3－3　wb_conbusex_top 从设备 I/O 端口信号

| 信号 | 宽度 | 方向 | 功能 |
| --- | --- | --- | --- |
| sx_dat_i | 32 | 输入 | 第 x 个从设备接口的数据输入 |
| sx_dat_o | 32 | 输出 | 第 x 个从设备接口的数据输出 |
| sx_adr_o | 32 | 输出 | 第 x 个从设备接口的地址输出 |
| sx_sel_o | 4 | 输出 | 第 x 个从设备接口的选择输出 |
| sx_we_o | 1 | 输出 | 第 x 个从设备接口的写使能输出 |
| sx_cyc_o | 1 | 输出 | 第 x 个从设备接口的循环输出 |
| sx_stb_o | 1 | 输出 | 第 x 个从设备接口的选通输出 |
| sx_ack_i | 1 | 输入 | 第 x 个从设备接口的响应输入 |
| sx_err_i | 1 | 输入 | 第 x 个从设备接口的错误输入 |
| sx_rty_i | 1 | 输入 | 第 x 个从设备接口的重试输入 |
| sx_cab_o | 1 | 输出 | 第 x 个从设备接口的突发类型扩展输出 |

wb_conbusex_top 有 32 个参数,用来定义每一个从设备接口的系统地址,它们的定义位于 wb_conbusex_top.v 的第 166～197 行。s0_addr_w、s1_addr_w、…、s15_addr_w 这 16 个参数用于定义 16 个从设备接口的译码地址宽度,s0_addr、s1_addr、…、s15_addr 这 16 个参数用于定义 16 个从设备接口的译码地址。当主设备访问地址的高 sx_addr_w 位与 sx_addr 相等

时,第 x 个从设备被选中,其中 x 取值为 0~15。地址译码的语句在第 588~669 行。

### 3.2.4　Wishbone 主设备和从设备模型

在对 wb_conbusex_top 进行仿真前,需要设计 Wishbone 总线的主设备和从设备的行为级模型。测试目录里的 wb_mast_model.v 和 wb_slv_model.v 分别是 Wishbone 总线的主设备和从设备的行为级模型,下面介绍它们的功能。

wb_slv_model.v 里的 wb_slv 是从设备模型,由于从设备不需要主动发起传输,因此结构较为简单,模仿的是一个 RAM 的模型。里边有一个 task-fill_mem,使用随机数可填充 RAM。

wb_mast_model.v 里的 wb_mast 是主设备模型,除了有一个内部 RAM 模型和 fill_mem 以外,还有以下几个发起传输用的 task:

| | |
|---|---|
| wb_wr1 | 写 1 个字; |
| wb_wr4 | 写 4 个字; |
| wb_wr_mult | 写 $n$ 个字; |
| wb_rmw | 读 $n$ 个字,然后写 $n$ 个字; |
| wb_wmr | 写 $n$ 个字,然后读 $n$ 个字; |
| wb_rd1 | 读 1 个字; |
| wb_rd4 | 读 4 个字; |
| wb_rd_mult | 读 $n$ 个字。 |

# 第 4 章

# 软件开发工具的安装和使用

## 4.1 GNU 交叉编译环境的组成和建立

### 4.1.1 交叉编译

系统级开发中,软件的设计、编写和调试是重要环节。当软件功能复杂时,选择一个好的编译和调试环境就显得更加重要。

主机和目标机通常采用不同的 CPU 体系结构,如主机通常是 X86,而目标机可能是 mips、ppc860、ARM 等,这里自然是 OR1200。由于 CPU 的体系结构不同,也就是说 CPU 指令集不同,两者的编译环境就必然不同。而由于目标机软硬件资源都有限,不可能在目标机上编译目标机的程序,编译的工作就需要由主机来完成。因为是在主机平台上编译目标机平台的可执行程序,这就产生了交叉编译的概念。同时,为了能够完成交叉编译工作,主机上必须安装用于目标平台的编译、链接工具,这就是所谓的 GNU 工具链(Toolchain)。其中,主要有 binutils、GCC 和 GDB。

除了需要以上的工具编写 C 语言或汇编语言文件外,还需要编写链接描述文件,关于这个文件将在 4.1.5 小节中介绍。

### 4.1.2 binutils

GNU 的 binutils 是一个二进制文件的工具集合,其中的主要工具为 addr2line。

各工具及其功能如下：
- addr2line：把程序地址转换为文件名和行号。在命令行中给它一个地址和一个可执行文件名，它就会使用这个可执行文件的调试信息指出在给出的地址上是哪个文件以及行号。
- ar：建立、修改、提取归档文件。归档文件是包含多个文件内容的一个大文件，其结构保证了可以恢复原始文件内容。
- as：用来编译 GNU C 编译器 GCC 输出的汇编文件，产生的目标文件由链接器 ld 链接。
- c++filt：链接器使用它来过滤 C++ 和 Java 符号，防止重载函数冲突。
- gprof：显示程序调用段的各种数据。
- ld：是链接器，它把一些目标和归档文件结合在一起，重定位数据，并链接符号引用。通常，建立一个新编译程序的最后一步就是调用 ld。
- nm：列出目标文件中的符号。
- objcopy：把一种目标文件中的内容复制到另一种类型的目标文件中。
- objdump：显示一个或者更多目标文件的信息。使用选项来控制其显示的信息。它所显示的信息通常只有编写编译工具的人才感兴趣。
- ranlib：产生归档文件索引，并将其保存到这个归档文件中。在索引中列出了归档文件各成员所定义的可重分配目标文件。
- readelf：显示 elf 格式可执行文件的信息。
- size：列出目标文件每一段的大小以及总体的大小。默认情况下，对于每个目标文件或者一个归档文件中的每个模块只产生一行输出。
- strings：打印某个文件的可打印字符串，这些字符串最少 4 个字符长，也可以使用选项"-n"设置字符串的最小长度。默认情况下，它只打印目标文件初始化和可加载段中的可打印字符；对于其他类型的文件它打印整个文件的可打印字符。这个程序对于了解非文本文件的内容很有帮助。
- strip：丢弃目标文件中的全部或特定符号。

### 4.1.3 GCC

GCC 是 Linux/Unix 环境下最重要的编译器。GCC 最初只是一个 GNU C Compiler，经过多年的发展，GCC 已经不仅支持 C 语言，还支持 Ada 语言、C++ 语言、Java 语言、Objective C 语言、Pascal 语言、COBOL 语言，以及支持函数式编程和逻辑编程的 Mercury 语言等。而 GCC 也不再只是 GNU C 语言编译器的意思了，而是变成了 GNU 编译器家族（GNU Compiler Collection）。

GCC 的开源和良好的体系结构设计使它可以方便地移植到各种平台上。绝大多数有实际用途的硬件平台,像 PC 和服务器级别的 X86、PowerPC、MIPS,以及嵌入式和单片机级别的 ARM、Coldfire、8051、80196、AVR 等,和一些不那么有实际用途的硬件平台,比如 Don Knuth 设计的 MMIX 计算机,GCC 都提供了完善的支持。GCC 的用途如此之广,以至于很多系统测试标准把它作为一个测试程序。

GCC 的主要选项如表 4-1 所列。

表 4-1 GCC 的主要选项

| 选 项 | 含 义 |
| --- | --- |
| -ansi | 只支持 ANSI 标准的 C 语法。这一选项将禁止 GNU C 的某些特色,例如 asm 或 typeof 关键词 |
| -c | 只编译并生成目标文件 |
| -DMACRO | 以字符串 1 定义 MACRO 宏 |
| -DMACRO=DEFN | 以字符串 DEFN 定义 MACRO 宏 |
| -E | 只运行 C 预编译器 |
| -g | 生成调试信息,GNU 调试器可利用该信息 |
| -IDIRECTORY | 指定额外的头文件搜索路径 DIRECTORY |
| -LDIRECTORY | 指定额外的函数库搜索路径 DIRECTORY |
| -lLIBRARY | 链接时搜索指定的函数库 LIBRARY |
| -oFILE | 生成指定的输出文件(用在生成可执行文件时) |
| -O0 | 不进行优化处理 |
| -O 或 -O1 | 优化生成代码 |
| -O2 | 进一步优化 |
| -O3 | 比 -O2 更进一步优化,包括 inline 函数 |
| -shared | 生成共享目标文件(通常用在建立共享库时) |
| -static | 禁止使用共享链接 |
| -UMACRO | 取消对 MACRO 宏的定义 |
| -w | 不生成任何警告信息 |
| -Wall | 生成所有警告信息 |

## 4.1.4 GDB

GDB 是 GNU 的调试器,它允许观察一个程序运行时的内部情况,或者当程序出问题时正在做些什么。GDB 的功能包括：设置断点，监视程序变量的值，程序的单步执行，修改变量的值。

在可以使用 GDB 调试程序之前，必须使用 -g 选项编译源文件。运行 GDB 调试程序时，通常使用如下的命令：

```
gdb progname
```

在 gdb 提示符处键入 help，将列出命令的分类，主要分类有：
- aliases：命令别名；
- breakpoints：断点定义；
- data：数据查看；
- files：指定并查看文件；
- internals：维护命令；
- running：程序执行；
- stack：调用栈查看；
- statu：状态查看；
- tracepoints：跟踪程序执行。

键入 help 后跟命令的分类名，可获得该类命令的详细清单。

由于 GDB 是基于命令行的，不能实现可视化调试，因此要实现可视化调试，可以使用一些辅助程序，其中比较著名的是 DDD（Data Display Debugger）。GDB 的常用命令如表 4-2 所列。

表 4-2　GDB 的常用命令

| 命令 | 含 义 |
| --- | --- |
| break NUM | 在指定的行上设置断点 |
| bt | 显示所有的调用栈帧，该命令可用来显示函数的调用顺序 |
| clear | 删除设置在特定源文件、特定行上的断点。其用法为 clearFILENAME:NUM |
| continue | 继续执行正在调试的程序（用在程序由于处理信号或断点而导致停止运行时） |
| display EXPR | 每次程序停止后显示表达式的值，表达式由程序定义的变量组成 |
| file FILE | 装载指定的可执行文件进行调试 |
| help NAME | 显示指定命令的帮助信息 |
| info break | 显示当前断点清单，包括到达断点处的次数等 |
| info files | 显示被调试文件的详细信息 |
| info func | 显示所有的函数名称 |

续表 4-2

| 命令 | 含义 |
|---|---|
| info local | 显示函数中的局部变量信息 |
| info prog | 显示被调试程序的执行状态 |
| info var | 显示所有的全局和静态变量名称 |
| kill | 终止正被调试的程序 |
| list | 显示源代码段 |
| make | 在不退出 GDB 的情况下运行 make 工具 |
| next | 在不单步执行进入其他函数的情况下,向前执行一行源代码 |
| print EXPR | 显示表达式 EXPR 的值 |

## 4.1.5 链接描述文件

当以一定的操作系统为目标编写程序时,程序的存放位置和运行位置都是操作系统在调入程序时确定的。但是,当没有操作系统时,这些信息就需要被指定,这个工作是由 ld 完成的,这时只需要编写一个链接描述文件作为 ld 的一个参数传递给 ld 就可以了。

链接描述文件的扩展名没有具体的定义,在 OR1k 的编译系统中,一般使用 .ld 文件作为链接描述文件。链接描述文件是文本文件,最基本的组成包括 MEMORY 和 SECTIONS 两部分。MEMORY 中可以定义一个或几个存储器块,每个块可以定义起始位置和长度;SECTIONS 中可以将程序中的"段"分配到存储器块中。以下面的文件为例:

```
MEMORY
{
    vectors : ORIGIN = 0x00000000, LENGTH = 0x00002000
    ram : ORIGIN = 0x00002000, LENGTH = 0x00200000 - 0x00002000
}

SECTIONS
{
    .vectors :
    {
        *(.vectors)
    } > vectors

    .text :
```

```
    {
        *(.text)
    } > ram

    .data :
    {
        *(.data)
    } > ram

    .rodata :
    {
        *(.rodata)
    } > ram

    .bss :
    {
        *(.bss)
    } > ram

    .stack :
    {
        *(.stack)
    } > ram
}
```

这个链接描述文件中定义了 2 个存储器块：vectors 和 ram。vectors 段定位于 vectors 块内，text、data、rodata、bss、stack 定位于 ram 块内。一般来说，异常处理程序定义在 vectors 段中。text、data、rodata、bss、stack 是 C 语言编译器自动定义的，各段的作用如表 4-3 所列。

表 4-3　链接描述文件主要段的作用

| 段 | 作　用 |
| --- | --- |
| text | 存储可执行代码 |
| data | 存储已初始化的数据。包含初始化过的全局变量，如常量、字符串 |
| rodata | 存储只读数据 |
| bss | 存储未初始化数据。包含未初始化的变量、数组等 |
| stack | 存储堆栈段。前面是堆，供 malloc 使用；后面是栈，函数调用是参数压栈等 |

## 4.2 make 和 Makefile 的使用

在大型的开发项目中，通常有几十到上百个源文件，如果每次均手工键入 gcc 命令进行编译，则会非常不方便。因此，人们通常利用 make 工具来自动完成编译工作。这些工作包括：如果仅仅修改了某几个源文件，则只需重新编译这几个源文件；如果某个头文件被修改了，则重新编译所有包含该头文件的源文件。利用这种自动编译可大大简化开发工作，避免不必要的重新编译。

实际上，make 工具通过一个称为 Makefile 的文件来完成并自动维护编译工作。Makefile 需要按照某种语法进行编写，其中说明了如何编译各个源文件并链接生成可执行文件，并定义了源文件之间的依赖关系。当修改了其中某个源文件时，如果其他源文件依赖于该文件，则也要重新编译所有依赖该文件的源文件。Makefile 文件是许多编译器，包括 WindowsNT 下的编译器维护编译信息的常用方法，只是在集成开发环境中，用户通过友好的界面修改 Makefile 文件而已。

默认情况下，make 工具在当前工作目录中按如下顺序搜索 Makefile：GNUmakefile→makefile→Makefile。

在 Unix 系统中，习惯使用 Makefile 作为 makefile 文件。

如果要使用其他文件作为 Makefile，则可利用类似下面的 make 命令选项指定 Makefile 文件：

```
$ make -f Makefile.debug
```

### 4.2.1 Makefile 的基本结构

Makefile 中一般包含如下内容：
- 需要由 make 工具创建的项目通常是目标文件和可执行文件。通常使用目标（Target）来表示要创建的项目。
- 要创建的项目依赖于哪些文件。
- 创建每个项目时需要运行的命令。

例如，假设现在有一个 C++ 源文件 test.c，该源文件包含有自定义的头文件 test.h，则目标文件 test.o 明确依赖于 2 个源文件：test.c 和 test.h。另外，可能只希望利用 g++ 命令来生成 test.o 目标文件。

这时，就可以利用如下的 Makefile 来定义 test.o 的创建规则：

```
# This makefile just is an example.
# The following lines indicate how test.o depends
# test.c and test.h, and how to create test.o
test.o: test.c test.h
    g++ -c -g test.c
```

从上面的例子注意到,第1个字符为"#"的行为注释行。第1个非注释行指定test.o为目标,并且依赖于test.c和test.h文件。随后的行指定了如何从目标所依赖的文件建立目标。当test.c或test.h文件在编译之后又被修改,则make工具可自动重新编译test.o,如果在前后两次编译之间,test.C和test.h均没有被修改,而且若test.o还存在,就没有必要重新编译。这种依赖关系在多源文件的程序编译中尤其重要。通过这种依赖关系的定义,make工具可避免许多不必要的编译工作。当然,利用Shell脚本也可以达到自动编译的效果,但是,Shell脚本将编译所有源文件,包括那些不必要重新编译的源文件,而make工具则可根据目标上一次编译的时间和目标所依赖的源文件的更新时间,来自动判断应当编译哪个源文件。

一个Makefile文件中可定义多个目标,利用maketarget命令可指定要编译的目标,如果不指定目标,则使用第一个目标。通常,Makefile中定义有clean目标,可用来清除编译过程中的中间文件,例如:

```
clean:
    rm -f *.o
```

运行make clean时,将执行rm-f *.o命令,最终删除编译过程中产生的全部中间文件。

 **4.2.2 Makefile的变量**

GNU的make工具除具有建立目标的基本功能外,还有许多便于表达依赖性关系以及建立目标的命令的特色。其中之一就是变量或宏的定义能力。如果要以相同的编译选项同时编译十几个C源文件,而为每个目标的编译指定冗长的编译选项将是非常乏味的。但利用简单的变量定义,可避免这种乏味的工作:

```
# Define macros for name of compiler
CC = gcc

# Define a macro o for the CC flags
CCFLAGS = -D_DEBUG -g

# A rule for building an object file
test.o: test.c test.h
    $(CC) -c $(CCFLAGS) test.c
```

在上面的例子中,CC 和 CCFLAGS 就是 make 的变量。make 通常称之为变量,而其他 Unix 的 make 工具称之为宏,实际是同一个东西。在 Makefile 中引用变量的值时,只需在变量名前添加"$"符号,如上面的 $(CC) 和 $(CCFLAGS)。

make 有许多预定义的变量,这些变量具有特殊的含义,可在规则中使用。表 4-4 给出了一些主要的预定义变量,除这些变量外,make 还将所有的环境变量作为自己的预定义变量。

表 4-4 make 的主要预定义变量

| 预定义变量 | 含 义 |
| --- | --- |
| $* | 不包含扩展名的目标文件名称 |
| $+ | 所有的依赖文件以空格分开,并以出现的先后为序,可能包含重复的依赖文件 |
| $< | 第1个依赖文件的名称 |
| $? | 所有的依赖文件以空格分开,这些依赖文件的修改日期比目标的创建日期晚 |
| $@ | 目标的完整名称 |
| $^ | 所有的依赖文件以空格分开,不包含重复的依赖文件 |
| $% | 如果目标是归档成员,则该变量表示目标的归档成员名称。例如,如果目标名称为 mytarget.so(image.o),则 $@ 为 mytarget.so,而 $% 为 image.o |
| AR | 归档维护程序的名称,默认值为 AR |
| ARFLAGS | 归档维护程序的选项 |
| AS | 汇编程序的名称,默认值为 AS |
| ASFLAGS | 汇编程序的选项 |
| CC | C 编译器的名称,默认值为 CC |
| CCFLAGS | C 编译器的选项 |
| CPP | C 预编译器的名称,默认值为 $(CC) -E |
| CPPFLAGS | C 预编译器的选项 |
| CXX | C++编译器的名称,默认值为 g++ |
| CXXFLAGS | C++编译器的选项 |
| FC | FORTRAN 编译器的名称,默认值为 F77 |
| FFLAGS | FORTRAN 编译器的选项 |

### 4.2.3 隐含规则

make 包含一些内置的或隐含的规则,这些规则定义了如何从不同的依赖文件建立特定类型的目标。make支持两种类型的隐含规则：

（1）后缀规则

后缀规则(Suffix Rule)是定义隐含规则的老风格方法。后缀规则定义了将一个具有某个后缀的文件(例如.c文件)转换为具有另外一种后缀的文件(例如.o文件)的方法。每个后缀规则以两个成对出现的后缀名定义。例如,将.c文件转换为.o文件的后缀规则可定义为：

```
.c.o:
    $(CC) $(CCFLAGS) $(CPPFLAGS) -c -o $@ $<
```

（2）模式规则

模式规则(Pattern Rules)更加通用,因为可以利用模式规则定义更加复杂的依赖性规则。模式规则看起来非常类似于正则规则,但在目标名称的前面多了一个"%",同时可用来定义目标和依赖文件之间的关系。例如,下面的模式规则定义了如何将任意一个X.c文件转换为X.o文件：

```
%.c:%.o
    $(CC) $(CCFLAGS) $(CPPFLAGS) -c -o $@ $<
```

### 4.2.4 make的命令行选项

make的命令行选项如表4-5所列。

表4-5 make的命令行选项

| 命令行选项 | 含 义 |
|---|---|
| -C DIR | 在读取Makefile之前改变到指定的目录DIR |
| -f FILE | 以指定的FILE文件作为Makefile |
| -h | 显示所有的make选项 |
| -i | 忽略所有的命令执行错误 |
| -I DIR | 当包含其他Makefile文件时,可利用该选项指定搜索目录 |
| -n | 只打印要执行的命令,但不执行这些命令 |
| -p | 显示make变量数据库和隐含规则 |
| -s | 在执行命令时不显示命令 |
| -w | 在处理makefile之前和之后,显示工作目录 |
| -W FILE | 假定文件FILE已经被修改 |

## 4.3 加深对 Makefile 的理解

下面分别以汇编语言和 C 语言为例,来加深对 Makefile 的理解。

### 4.3.1 汇编语言

在 CPU 开发初期,汇编语言的重要性不言而喻。使用汇编语言的优点是:
- 有些指令只能通过汇编语言使用,比如特殊寄存访问指令;
- 可以完全控制程序的每一步动作,而不需要查阅编译器资料来确定高级语言代码与机器码之间的关系;
- 高级语言在运行前需要执行一些初始化代码,对于测试有害无益。

因此,在对 CPU 等 IP Core 进行测试的过程中,全部采用汇编语言。

从头介绍汇编语言的使用会浪费很多时间,因而在这里先以一个最简单的、完整的工程为基础。

下面的 reset.S 文件就是要分析的汇编语言。为了加强对 Makefile 的理解,Makefile 也是分析的一个重点。

reset.S 文件的内容如下:

```
    .section .vectors,"ax"
    .org 0x100
_reset:
    l.j        _main
    l.nop

    .section .text,"ax"
_main:
    l.j        _main
    l.nop
```

首先定义一个 vectors 段,ax 的 a 代表这个段是可以分配的(allocable);x 代表这个段是可以执行的(executable)。.org 是定位伪指令;.org 0x100 表示定位于 0x100,这是 OR1200 的复位异常处理地址;l.j 是无条件跳转。

☞ 注意:在 OR1200 中,所有的跳转指令后面的指令都会被执行,因此加一条 l.nop 或者其他无实际意义的指令是必要的。

程序的功能是复位后跳到_main地址,然后进入一个死循环。下面介绍Makefile。

```
CROSS_COMPILE = or32-uclinux-
CC = $(CROSS_COMPILE)gcc
LD = $(CROSS_COMPILE)ld
NM = $(CROSS_COMPILE)nm

all: reset.bin reset.elf System.map

reset.o: reset.S
    $(CC) -c -o $@ $< $(CFLAGS)

reset.elf: reset.o
    $(LD) -Tram.ld -o $@ reset.o

reset.bin: reset.o
    $(LD) -Tram.ld -o $@ reset.o -b binary

System.map: reset.elf
    @$(NM) $< | \
    grep -v '\(compiled\)\|\(\.o$ $\)\|\([aUw]\)\|\(\.\.ng$ $\)\|\(LASH[RL]DI\)' | \
    sort > System.map

clean:
    rm -f *.o *.bin *.elf *.map
```

这个文件首先定义一个变量CROSS_COMPILE;"CC = $(CROSS_COMPILE)gcc"就等于"CC = or32-uclinux-gcc";"all: reset.bin reset.elf System.map"表示当执行make all或make时,需要创建的项目是reset.bin、reset.elf和System.map,System.map比较复杂,总的来说就是提取elf文件的信息,将输出重定向到一个文件中;clean是执行make clean时要执行的命令,将.o、.bin、.elf、.map文件全部删掉。

若将整个工程复制到Linux中,并在命令行下执行make进行编译,编译完成后打开System.map,可以看到2行文字:

```
00000100 ? _reset
00002000 t _main
```

这是2个标号,除了标号,变量、函数等在System.map也可以看到,只是没有使用。标号前的数字是十六进制的地址。

然后再使用二进制编辑工具打开reset.bin文件,来到0x100位置,可以看到0x100和0x104处的数据分别是0x000007C0和0x15000000,正是跳转和NOP指令。还可以用同样的方法分析0x2000处的情况。

## 4.3.2 C 语言

下面来看一个 C 语言的例子。源文件是 rst.S 和 main.c,分别是汇编和 C 语言文件。
首先分析 rst.S,内容如下:

```
    #define STACK_SIZE        0x10000

    .global ___main
    .section .stack,"aw",@nobits
.space    STACK_SIZE
_stack:
    .section .vectors,"ax"
    .org 0x100
_reset:
    l.movhi r1,hi(_stack-4)
    l.ori   r1,r1,lo(_stack-4)
    l.addi  r2,r0,-3
    l.and   r1,r1,r2

    l.movhi r2,hi(_main)
    l.ori   r2,r2,lo(_main)
    l.jr    r2
    l.addi  r2,r0,0

_main:
    l.jr    r9
    l.nop
```

由于设计 C 语言,在进入 C 的 main 函数之前,首先要建立 C 语言的运行环境,其中主要是定义堆栈。这里首先定义堆栈大小的宏 STACK_SIZE,在复位处理的开始位置将堆栈信息赋值给通用寄存器。然后跳到_main 中,这个_main 就是 C 语言的 main 函数。

☞ **注意**: C 语言对通用寄存器的使用有严格规定,因此在混和编程时不能随意使用通用寄存器。具体信息需要查阅 GCC 的 C 编译器的"帮助"。

从 C 语言的 main 函数返回后会执行如 rst.S 文件最后 2 行斜体字的部分,由于 OR1200 使用 r9 储存返回地址,因此程序将转到"l.addi  r2,r0,0"的下一句,也就是"l.jr  r9",这样就进入了死循环。

下面再来看一下 C 语言:

```
int main(void)
{
    for(;;);
    return 0;
}
```

很简单,这就是一个死循环。在编译之后,会得到一个 main.S,从这个文件可得到汇编语言文件,它有助于了解 C 编译器处理函数调用和返回的一些细节。

Makefile 的内容如下:

```
CROSS_COMPILE = or32-uclinux-
CC = $(CROSS_COMPILE)gcc
LD = $(CROSS_COMPILE)ld
NM = $(CROSS_COMPILE)nm

all: main.S main.elf main.bin System.map

reset.o: reset.S
    $(CC) -g -c -o $@ $< $(CFLAGS)

main.o: main.c
    $(CC) -g -c -o $@ $< $(CFLAGS)

main.S: main.c
    $(CC) -g -S -o $@ $< $(CFLAGS)

main.elf: reset.o main.o
    $(LD) -Tram.ld -o $@ reset.o main.o

main.bin: reset.o main.o
    $(LD) -Tram.ld -o $@ reset.o main.o -b binary

System.map: main.elf
    @$(NM) $< | \
    grep -v '\(compiled\)\|\(\.o$ $\)\|\([aUw] \)\|\(\.\.ng$ $\)\|\(LASH[RL]DI\)' | \
    sort > System.map

clean:
    rm -f *.o *.elf *.bin main.S *.map
```

在 main.S 这个目标定义中,使用了 -S 选项,目的就是产生汇编语言文件。编译后,main.S 的内容如下:

```
    .file   "main.c"
    .stabs  "/home/mounthorse/or1k/c/",100,0,0,.Ltext0
    .stabs  "main.c",100,0,0,.Ltext0
```

```
        .text
.Ltext0:
    .stabs  "gcc2_compiled.",60,0,0,0
    .stabs  "int:t(0,1) = r(0,1);-2147483648;2147483647;",128,0,0,0
    .stabs  "char:t(0,2) = r(0,2);0;127;",128,0,0,0
    .stabs  "long int:t(0,3) = r(0,3);-2147483648;2147483647;",128,0,0,0
    .stabs  "unsigned int:t(0,4) = r(0,4);0000000000000;0037777777777;",128,0,0,0
    .stabs  "long unsigned int:t(0,5) = r(0,5);0000000000000;0037777777777;",128,0,0,0
    .stabs  "long long int:t(0,6) = @s64;r(0,6);01000000000000000000000;
            0777777777777777777777;",128,0,0,0
    .stabs  "long long unsigned int:t(0,7) = @s64;r(0,7);0000000000000;
            01777777777777777777777;",128,0,0,0
    .stabs  "short int:t(0,8) = @s16;r(0,8);-32768;32767;",128,0,0,0
    .stabs  "short unsigned int:t(0,9) = @s16;r(0,9);0;65535;",128,0,0,0
    .stabs  "signed char:t(0,10) = @s8;r(0,10);-128;127;",128,0,0,0
    .stabs  "unsigned char:t(0,11) = @s8;r(0,11);0;255;",128,0,0,0
    .stabs  "float:t(0,12) = r(0,1);4;0;",128,0,0,0
    .stabs  "double:t(0,13) = r(0,1);8;0;",128,0,0,0
    .stabs  "long double:t(0,14) = r(0,1);8;0;",128,0,0,0
    .stabs  "complex int:t(0,15) = s8real:(0,1),0,32;imag:(0,1),32,32;;",128,0,0,0
    .stabs  "complex float:t(0,16) = r(0,16);8;0;",128,0,0,0
    .stabs  "complex double:t(0,17) = r(0,17);16;0;",128,0,0,0
    .stabs  "complex long double:t(0,18) = r(0,18);16;0;",128,0,0,0
    .stabs  "__builtin_va_list:t(0,19) = *(0,20) = (0,20)",128,0,0,0
    .stabs  "_Bool:t(0,21) = @s8;-16;",128,0,0,0
    .align 4
.proc _main
    .stabs  "main:F(0,1)",36,0,3,_main
    .global _main
    .type_main,@function
_main:
    .stabn 68,0,3,.LM1-_main
.LM1:
    # 00100000000000000000000000000000
    # gpr_save_area 0 vars 0 current_function_outgoing_args_size 0
    l.addi   r1,r1,-4
    l.sw     0(r1),r2
    l.addi   r2,r1,4
    l.nop
    .stabn 68,0,4,.LM2-_main
.LM2:
```

```
.L2:
    l.j         .L2
    l.nop       #nop delay slot
    .stabn 68,0,6,.LM3-_main
.LM3:
    l.lwz       r2,0(r1)
    l.jr        r9
    l.addi      r1,r1,4
.endproc _main
.Lfe1:
    .size _main,.Lfe1-_main
.Lscope0:
    .stabs "",36,0,0,.Lscope0-_main
    .text
    .stabs "",100,0,0,Letext
Letext:
    .ident  "GCC: (GNU) 3.1 20020121 (experimental)"
```

上述程序中, proc _main 是 main 的开始位置。LM1 是堆栈处理; L2 是一个死循环, 即 main 函数的 "for(;;;);"; LM3 是返回处理。

## 4.4 OR1k 系列 CPU 的体系结构模拟器 or1ksim

or1ksim 是一个免费、开源的通用的 OR1k 体系模拟器, 可以模拟以 OpenRisc 为基础的计算机系统。or1ksim 的最终(或者计划中的)特性包括:
➤ 高级、快速的体系仿真, 初期的代码分析和系统性能评估;
➤ 支持 Open Cores 的主要外围器件和系统控制器 IP Core 的模型;
➤ 在标准 PC(PIII, 1 GHz)上可以达到 10 MIPS;
➤ 开放的体系结构, 便于添加新的外围器件模型;
➤ 既可以独立运行, 又可以通过网络连接到远程的 GNU Debugger 调试器;
➤ 支持不同的目标系统配置, 比如存储器控制器和存储器大小、OR1k 处理器模型、外围器件的配置等。

目前 or1ksim 可以支持 OR1k 体系的 32 位部分, 但是还不支持 64 位的部分。支持的外围设备包括 10 M/100M 以太网 MAC 控制器、VGA 控制器、PS2、AC97、UART16550、存储器控制器等。目前在 or1ksim 可以运行包括以上所有 IP Core 的驱动程序的 μClinux。

or1ksim 通常用于没有硬件或者进行高级系统开发时, 这里不作过多介绍。

# 第 5 章

# 片内存储器和 I/O 控制器的设计

## 5.1 FPGA 内部的 RAM 块资源

### 5.1.1 RAM 块的使用

FPGA 内部有 4 大资源：逻辑单元(LE)、布线通道、I/O 和 RAM。一般来说 LE、布线通道和 I/O 都是由综合和布线工具自动使用的，而 RAM，特别是 RAM 块由于在 FPGA 中出现的时间较晚，所以通常需要使用特殊的方法才能使用。

总的来说，使用 RAM 块的方法有 2 种：调用和描述。调用的方法是把 RAM 块当作一个现成的模块，通过特定的语法实现。针对不同的器件语法是不同的，一般来说，对于 Xilinx 的 FPGA，可以把 RAM 当作一个现成的模块直接调用，但是对于 Altera 的 FPGA，需要使用 LPM (Library of Parameterized Modules)库。以文件 or1200_spram_1024x8.v 为例，第 258～279 行就是调用 Xilinx 的 RAM 块的语句，第 299～313 行是调用 Altera 的 LPM 的语句。

调用方法一直被大量使用，原因是以前的综合工具能力有限，这种方法最可靠。但是使用这种方法，其设计的维护和发展性不好，不必说换一种 FPGA 器件，就是针对相同的 FPGA 器件，使用不同的综合工具、甚至不同版本的综合工具都有可能出现问题。虽然有这个问题，但是这种方法目前最大的优点就是利用效率高，可以完全利用好 FPGA 的 RAM 块，特别是针对一些 RAM 的特殊工作模式，比如 CAM、FIFO 模式等。

描述方法是使用一般的描述语句去写一个 RAM 的模型，依靠综合工具的自动识别和推断能力来实现对 RAM 的调用。还以文件 or1200_spram_1024x8.v 为例，第 325～340 行就是描述语句。

描述方法的优点是可以实现设计与具体的 FPGA 无关,从而,除增强了设计的维护和发展性以外,还简化了设计本身。比如,当所需要的 RAM 比 FPGA 的 RAM 块容量大时,使用调用的方法就必须根据实际 RAM 块的大小去组合多个 RAM 块,在上面的例子中就有这种情况。

但是,描述方法有 3 个缺点:
- 必须使用高版本的综合工具。以 Synplify pro 为例,在 7.3 以前,对 RAM 描述的推理和判断能力很差,几乎无法实现。
- 描述语句往往有要求,需要按照特定的描述风格去写代码。
- 一般来说只能描述单口 RAM、ROM、简单双口 RAM、FIFO 等相对简单的存储器。对于 CAM 等,目前的综合工具往往无能为力。

对于这 3 个缺点,首先,以后的设计都将基于新版本的综合根据,所以问题不会有多么重要。然后,虽然综合工具不同,但是对描述语句的要求基本相同。最后,CAM 等实际都是 RAM 的变性或者增加了附加的逻辑,因此,在牺牲一定速度和面积的情况下也是可以实现的。

不管哪种方法,在进行设计时都必须考虑到硬件,也就是 FPGA 本身是不能脱离的。比如想要实现一个双口 RAM,而使用的 FPGA 的 RAM 块只支持单口模式,那么使用调用方法时会找不到可以调用的模块,而使用描述方法会导致综合失败或者使用 LE 去实现。

### 5.1.2 CycloneII 的 RAM 块

CycloneII FPGA 中的 RAM 主要是 M4K。每个 M4K 有 4 608 个 RAM 位,最高速度可达 200 MHz,有字节使能和奇偶位,可以工作在单口模式(见图 5-1)、简单双口模式(读/写端口分开,见图 5-2)、真双口模式(两个端口都可以读/写,见图 5-3)、移位寄存器模式、FIFO 模式和 ROM 模式(与单口 RAM 基本相同)。

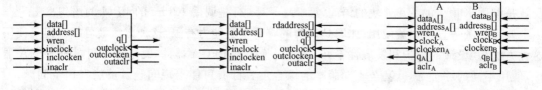

图 5-1 M4K 的单口模式　　图 5-2 M4K 的简单双口模式　　图 5-3 M4K 的真双口模式

在存储位的组织上,M4K 也是很灵活的。单口 RAM 的组织方式包括 4096×1、2048×2、1024×4、512×8(或 512×9)、256×16(或 256×18)、128×32(或 128×36);真双口 RAM 的组

织方式与此基本相同,但是不支持 128×32(或者 128×36)方式。OR1200 需要的单口 RAM 的组织方式可以通过查看文件名判断(以 or1200_spram_开头的文件名),真双口 RAM 的组织方式只有 32×32。可以看出,所有单口 RAM 对 M4K 的要求都可以满足(有的需要多个 M4K 组合),但是真双口 RAM 却不能,因为 M4K 不支持 128×32 的方式。因此,在系统的 CycloneII 实现中,OR1200 的 32 个 32 位通用寄存器需要一个 32×32 的真双口 RAM,是用两个工作在单口模式的 M4K 共同实现的。

对于 M4K 的其他组织方式,由于这里还暂时用不到,所以不作介绍。

为了学习和移植的需要,在系统中是可以使用描述法来实现 RAM 和 ROM 功能的,下面介绍实现的方法。

###  5.1.3 单口 RAM 块的描述方法

一个最简单的单口 RAM 的描述代码如下:

```
module spramtest(do, addr, di, we, clk);

parameter aw = 10;
parameter dw = 32;

output  [dw-1:0] do;
input   [dw-1:0] di;
input   [aw-1:0] addr;
input   we;
input   clk;

reg     [dw-1:0] do;
reg     [dw-1:0] mem [(1 << aw)-1:0];

always @(posedge clk)
begin
    do = mem[addr];
end

always @(posedge clk)
begin
```

```
        if(we)
            mem[addr] <= di;
    end

    endmodule
```

使用 Synplify pro 对它进行综合,综合的设置与前几个实验相同。综合完毕以后打开综合报告文件,可以发现有一行包含"Found RAM mem, depth=1024, width=32",可见 Synplify pro 已经识别出 RAM。在报告最后的逻辑资源使用情况中,可以发现 LUTs(查找表,等于 LE 的使用量)的使用量为 0,"Total ESB"(就是 M4K)为 32 768 位,这说明了已经使用了 M4K。

打开 RTL 级综合结果文件,可以得到如图 5-4 所示的原理图。由图可知,ram1 有 RADDR 和 WADDR 两个端口,都接在了 addr,说明综合器实际上使用了 M4K 的简单双口模式。但是由于读/写地址相同,所以作为一个整体,可以认为是一个单口 RAM。

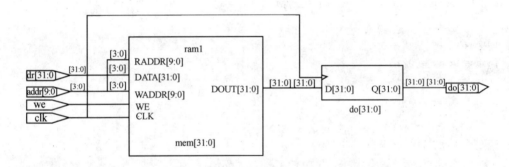

图 5-4　spramtest 的综合 RTL 级原理图

RTL 只表明,设计使用了 M4K,但是使用了几个,在 Synplify pro7.6 中却看不出来(在 Synplify pro7.5 中可以看出来);因此启动 QuartusII 进行布局布线,通过 QuartusII 的布局布线结果,不但可以看到使用了几个 M4K,还可以看到使用了哪几个 M4K。

布局布线结束以后,选择 Processing→Compilation Report,进入 Fitter→Resource Section→Resource Usage Summary,可以看到如图 5-5 所示的布局布线后的资源使用报告。第 24 栏是 M4K 的使用情况,可见使用了 8 个 M4K。

进入 Fitter→Resource Section→RAM Summary,可以发现 Mode 是 Simple Dual Port,说明工作在简单双口 RAM 模式下。Location 则说明了使用的 M4K 在哪一行、哪一列。

选择 Tools→RTL Viewer,进入如图 5-6 所示的界面,可以进一步了解 M4K 的接口和工作模式。

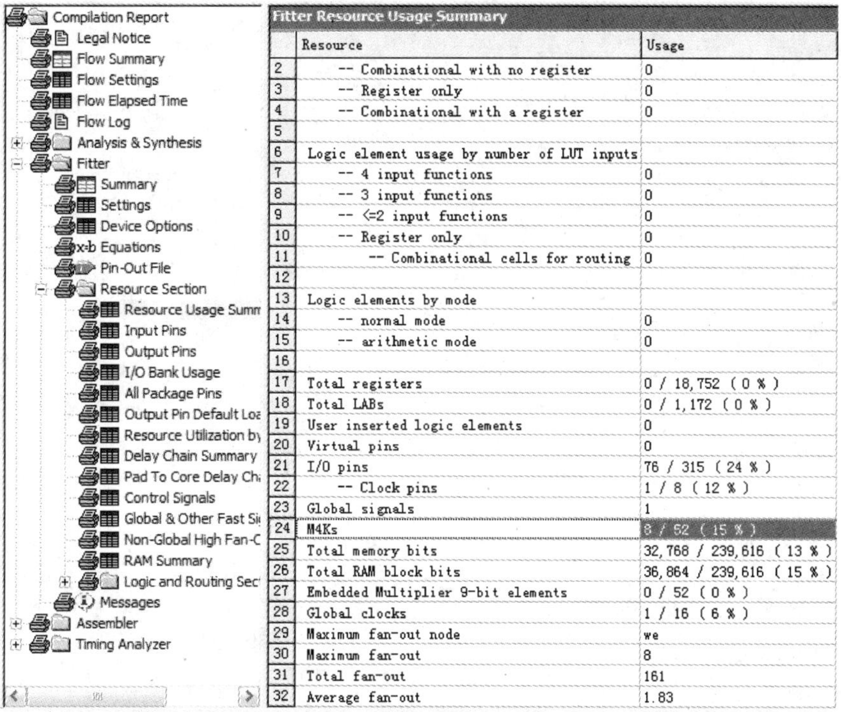

| | Resource | Usage |
|---|---|---|
| 2 | -- Combinational with no register | 0 |
| 3 | -- Register only | 0 |
| 4 | -- Combinational with a register | 0 |
| 5 | | |
| 6 | Logic element usage by number of LUT inputs | |
| 7 | -- 4 input functions | 0 |
| 8 | -- 3 input functions | 0 |
| 9 | -- <=2 input functions | 0 |
| 10 | -- Register only | 0 |
| 11 | -- Combinational cells for routing | 0 |
| 12 | | |
| 13 | Logic elements by mode | |
| 14 | -- normal mode | 0 |
| 15 | -- arithmetic mode | 0 |
| 16 | | |
| 17 | Total registers | 0 / 18,752 ( 0 % ) |
| 18 | Total LABs | 0 / 1,172 ( 0 % ) |
| 19 | User inserted logic elements | 0 |
| 20 | Virtual pins | 0 |
| 21 | I/O pins | 76 / 315 ( 24 % ) |
| 22 | -- Clock pins | 1 / 8 ( 12 % ) |
| 23 | Global signals | 1 |
| 24 | M4Ks | 8 / 52 ( 15 % ) |
| 25 | Total memory bits | 32,768 / 239,616 ( 13 % ) |
| 26 | Total RAM block bits | 36,864 / 239,616 ( 15 % ) |
| 27 | Embedded Multiplier 9-bit elements | 0 / 52 ( 0 % ) |
| 28 | Global clocks | 1 / 16 ( 6 % ) |
| 29 | Maximum fan-out node | we |
| 30 | Maximum fan-out | 8 |
| 31 | Total fan-out | 161 |
| 32 | Average fan-out | 1.83 |

**图 5－5　spramtest 的 QuartusII 布局布线结果**

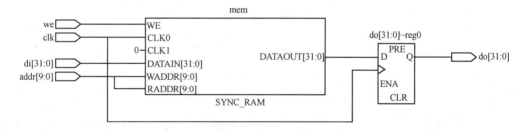

**图 5－6　spramtest 的 QuartusII RTL 原理图**

## 5.1.4　简单双口 RAM 块的描述方法

简单双口的描述代码如下：

```verilog
module dpramtest(
    clk, oe_a, addr_a, do_a, we_b, addr_b, di_b
);

parameter aw = 5;
parameter dw = 32;

input   clk;
input   oe_a;
input   [aw-1:0] addr_a;
output  [dw-1:0] do_a;
input   we_b;
input   [aw-1:0] addr_b;
input   [dw-1:0] di_b;

reg     [dw-1:0] do_a;
reg     [dw-1:0] mem[(1 << aw)-1:0];

always @(posedge clk)
    if (oe_a)
        do_a <= mem[addr_a];

always @(posedge clk)
    if (we_b)
        mem[addr_b] <= di_b;

endmodule
```

使用 Synplify pro 综合以后会得到如图 5-7 所示的 RTL 级原理图。其与图 5-4 的区别是读/写地址分开了,而且多了一个 oe_a 信号,总的来说变化不大。使用 QuartusII 布局布线以后,可以发现除了使用的 M4K 多少不一样以外,其他的基本相同。

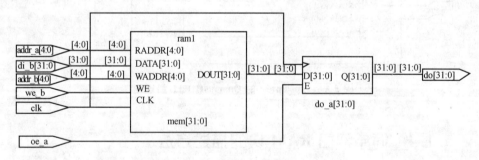

图 5-7 dpramtest 的综合 RTL 级原理图

由于在单口 RAM 的综合中已经使用了 M4K 的简单双口模式,而这里的描述也是使用了 M4K 的简单双口模式,所以这里就不作详细的介绍了。

下面介绍 M4K 的存储位组织方式对结果的影响。将 dw 参数改为 64,重新进行综合和布局布线,可以发现虽然 RAM 的总容量增大了一倍,变为 2048 位,还没有超出一个 M4K 的容量,但是使用的 M4K 却变成了 2 个。

### 5.1.5 单口 ROM 块的描述方法

在 FPGA 中,ROM 实际上也是使用的 RAM 块,只不过是经过初始化的、不能写入的 RAM,因此单口 ROM 的描述和单口 RAM 的应该是很相似的。但是初始化在 Verilog 中是一个大问题。

在 VHDL 中,信号可以初始化,比如下面的 VHDL 描述就可以实现对信号 PROGRAM 的初始化,这种方法既可以用在仿真中也可以用在综合中,而且 ROM 和 RAM 的描述几乎是完全一致的,真正是已经初始化的、不能写的 RAM。但是 Verilog 不支持信号的初始化,因此,像在 VHDL 中那样容易解决的方法是没有的。

下面介绍 Verilog 中 ROM 的初始化,解决了这个问题,ROM 的描述也就出来了。

```
type ROM_TYPE is array (0 to 15) of std_logic_vector (7 downto 0);
signal PROGRAM : ROM_TYPE : = (
    "00000010","00010101","00001111","01111110",
    "00000000","01111111","11001000","01111110",
    "00000000","01111111","11001000","00100010",
    "00100010","00100010","00100010","00000000");
```

先说一下用于仿真的情况。由于仿真支持 initial 块,所以可以像描述 RAM 一样描述 ROM,然后在 initial 块中直接给信号赋值,或是调用 readmemh、readmemb 和 sreadmemh、sreadmemb 等系统调用给一组信号赋值。这个方法的效果与 VHDL 的解决方法一样,只是不能用于综合。

在综合的时候,如果使用调用的方法,不同的 FPGA 厂家的工具会提供不同的方法。比如 Xilinx 的方法是修改 UCF 文件,Altera 的方法是在调用 LPM 时指定初始化文件(. mif 或者.hex)。这些方法在这里不作过多讨论。下面介绍一种不依赖 FPGA 器件和综合工具,而是利用 function 语法的方法,其源代码如下:

```
module spromtest(do, addr, clk);

    output  [31:0] do;
    input   [6:0] addr;
    input   clk;

    reg     [31:0] do;

    always @(posedge clk)
```

```verilog
begin
    do = mem(addr);
end
function [31:0] mem;
input    [6:0] addr;
    begin
    case(addr)
        8'h00: mem = 32'ha4210000;
        8'h01: mem = 32'h18209200;
        8'h02: mem = 32'ha8210000;
        8'h03: mem = 32'h84610000;
        8'h04: mem = 32'h84810004;
        8'h05: mem = 32'h84a10008;
        8'h06: mem = 32'h84c1000c;
        8'h07: mem = 32'ha4420000;
        8'h08: mem = 32'h18400102;
        8'h09: mem = 32'ha8420304;
        8'h0A: mem = 32'hd4011040;
        8'h0B: mem = 32'ha4420000;
        8'h0C: mem = 32'h18400405;
        8'h0D: mem = 32'ha8420607;
        8'h0E: mem = 32'hd4011044;
        8'h0F: mem = 32'ha4420000;
        8'h7F: mem = 32'hffffffff;
        default: mem = {32{1'b0}};
    endcase
    end
endfunction
endmodule
```

使用 Synplify pro 对上述代码综合后,可以发现,不占 LUT,只使用 RAM 位。使用 QuartusII 布局布线之后结果相同。

但是这个方法有一个缺点:ROM 比较大而且数据比较复杂时才有效,否则会综合出使用 LUT 的逻辑。虽然有以上缺点,但是当 ROM 需求量比较大时,比如达到 1 个 M4K 的总容量 (4096 位,等于 512 字节)时,以上缺点就不存在了。因此,在以后的部分实验中,将采用这种方法来实现 OR1200 的程序 ROM。

## 5.2 I/O 控制器的结构和功能

###  5.2.1 通用 I/O 控制器

I/O 控制器可简可繁，I/O 控制器可分为通用 I/O 控制器和最简 I/O 控制器 2 类。

通用 I/O 控制器的结构较为复杂，一般地，一个完善的通用 I/O 控制器应该包括以下特性：

- 外部 I/O 引脚可以通过编程设置为输入或者输出。这对于芯片宝贵的引脚资源非常重要，因为通常在设计的时候不知道应用时的输入、输出所需的具体数量，如果每个 I/O（或部分）具有输入/输出可编程功能，则可以最大限度使芯片的每个引脚得到利用。
- 外部 I/O 引脚设置为输出时，可以通过编程设置为三态或者 OC 门输出。
- 复位后，所有 I/O 应该自动设置为输入或者三态。由于设计时无法知道每个引脚工作在输出状态还是输入状态，在复位后运行到 I/O 设置程序往往有一段时间，在这段时间内如果引脚设置为输出而外部电路要求设置为输入时，电路将无法正常工作，严重时可能会烧毁引脚。
- 外部 I/O 引脚可以通过编程设置为是否使用内部上拉、下拉电阻。内置上拉、下拉功能可以简化外部电路的设计，减小电路板面积，减少不可靠因素；从而降低成本，提高可靠性。
- 输入具有可编程去抖功能。在很多控制系统中，由于环境恶劣，输入信号经常受到干扰，添加去抖功能可以简化外部电路设计或者提高系统的可靠性。
- 编程为输入时，可以根据输入的变化产生中断信号。这样做实际上增加了可以使用的外部中断的数量，可以进一步提高使用的灵活性。
- 如果 I/O 功能与其他功能复用，还要可以通过编程设置外部引脚的功能。这时，I/O 功能通常是对应引脚的一个辅助功能，而其他功能往往称为主功能。

由于涉及 I/O 引脚的特性，不同 FPGA 或者 ASIC 工艺的 I/O 引脚的结构、使用方法相差很多，在描述 I/O 控制器时无法或者不便于直接实现。因此通常采用添加附加的控制信号的方法，这样既便于设计和理解，又便于在不同器件中实现。

图 5-8 是一个输入/输出可编程、功能可编程和具有中断输出的通用 I/O 控制器的原理框图。框图左侧是片内总线和信号，右侧是引脚控制接口。它具有 6 个功能寄存器，它们的功能如表 5-1 所列。

表 5-1  I/O 控制器的寄存器功能

| 寄存器 | 功能 |
|---|---|
| 输出数据寄存器 | 控制引脚配置为 I/O 功能，并且配置为输出时的输出数据 |
| 功能选择寄存器 | 控制引脚是 I/O 功能还是主功能 |
| 方向控制寄存器 | 控制引脚配置为 I/O 功能时的信号方向 |
| 输入数据寄存器 | 存放引脚配置为 I/O 功能，并且配置为输入时的输入数据 |
| 中断使能寄存器 | 控制引脚配置为 I/O 功能时的中断功能 |
| 中断状态寄存器 | 存放引脚配置为 I/O 功能，并且使能中断功能时的中断状态 |

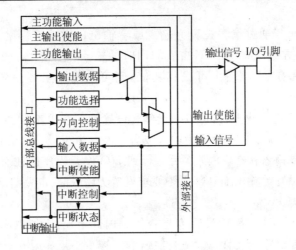

图 5-8  通用 I/O 控制器的原理框图

## 5.2.2  最简 I/O 控制器

要实现的最简 I/O 控制器相对于通用 I/O 控制器要简单得多。最简 I/O 控制器的引脚的输入/输出方向不可编程，而且输出引脚不可设置为三态和 OC 门，也没有中断功能。因此结构简单，其框图如图 5-9 所示。它有 2 个寄存器，分别存放输出数据和输入数据。

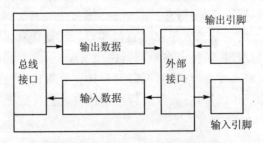

图 5-9  最简 I/O 控制器框图

## 5.3 ORP 概念及其定义

大家会注意到，在提供的标准实验结果中，开始处有关于 Wishbone 互连从设备接口的地址的宏定义。这些定义不是简单为了便于修改，而是为了符合 ORP 标准。ORP(OpenRisc Reference Platform)是一个对基于 OpenRisc 处理器的系统的定义，它包括存储器空间、外围设备的地址定义和中断向量的分配。它的作用是标准化基于 OpenRisc 的硬件和软件的设计，提高软件可重用性和缩短硬件设计的验证时间。表 5-2 和表 5-3 分别列出了 ORP 对地址空间和中断向量分配的规定。本书的所有系统都遵守这一标准。

表 5-2  ORP 的地址空间规定

| 起始地址 | 结束地址 | 是否缓存 | 空间 | 用途 |
| --- | --- | --- | --- | --- |
| 0xF000_0000 | 0xFFFF_FFFF | Cached | 256 MB | ROM |
| 0xC000_0000 | 0xEFFF_FFFF | Cached | 768 MB | Reserved |
| 0xB800_0000 | 0xBFFF_FFFF | Uncached | 128 MB | Reserved for custom devices |
| 0xA600_0000 | 0xB7FF_FFFF | Uncached | 288 MB | Reserved |
| 0xA500_0000 | 0xA5FF_FFFF | Uncached | 16 MB | Debug 0~15 |
| 0xA400_0000 | 0xA4FF_FFFF | Uncached | 16 MB | Digital Camera Controller 0~15 |
| 0xA300_0000 | 0xA3FF_FFFF | Uncached | 16 MB | $I^2C$ Controller 0~15 |
| 0xA200_0000 | 0xA2FF_FFFF | Uncached | 16 MB | TDM Controller 0~15 |
| 0xA100_0000 | 0xA1FF_FFFF | Uncached | 16 MB | HDLC Controller 0~15 |
| 0xA000_0000 | 0xA0FF_FFFF | Uncached | 16 MB | Real-Time Clock 0~15 |
| 0x9F00_0000 | 0x9FFF_FFFF | Uncached | 16 MB | Firewire Controller 0~15 |
| 0x9E00_0000 | 0x9EFF_FFFF | Uncached | 16 MB | IDE Controller 0~15 |
| 0x9D00_0000 | 0x9DFF_FFFF | Uncached | 16 MB | Audio Controller 0~15 |
| 0x9C00_0000 | 0x9CFF_FFFF | Uncached | 16 MB | USB Host Controller 0~15 |
| 0x9B00_0000 | 0x9BFF_FFFF | Uncached | 16 MB | USB Func Controller 0~15 |
| 0x9A00_0000 | 0x9AFF_FFFF | Uncached | 16 MB | General-Purpose DMA 0~15 |
| 0x9900_0000 | 0x99FF_FFFF | Uncached | 16 MB | PCI Controller 0~15 |
| 0x9800_0000 | 0x98FF_FFFF | Uncached | 16 MB | IrDA Controller 0~15 |
| 0x9700_0000 | 0x97FF_FFFF | Uncached | 16 MB | Graphics Controller 0~15 |

开源软核处理器 OpenRisc 的 SOPC 设计

续表 5-2

| 起始地址 | 结束地址 | 是否缓存 | 空间 | 用途 |
|---|---|---|---|---|
| 0x9600_0000 | 0x96FF_FFFF | Uncached | 16 MB | PWM/Timer/Counter Controller 0～15 |
| 0x9500_0000 | 0x95FF_FFFF | Uncached | 16 MB | Traffic COP 0～15 |
| 0x9400_0000 | 0x94FF_FFFF | Uncached | 16 MB | PS/2 Controller 0～15 |
| 0x9300_0000 | 0x93FF_FFFF | Uncached | 16 MB | Memory Controller 0～15 |
| 0x9200_0000 | 0x92FF_FFFF | Uncached | 16 MB | Ethernet Controller 0～15 |
| 0x9100_0000 | 0x91FF_FFFF | Uncached | 16 MB | General-Purpose I/O 0～15 |
| 0x9000_0000 | 0x90FF_FFFF | Uncached | 16 MB | UART16550 Controller 0～15 |
| 0x8000_0000 | 0x8FFF_FFFF | Uncached | 256 MB | PCI I/O |
| 0x4000_0000 | 0x7FFF_FFFF | Uncached | 1 GB | Reserved |
| 0x0000_0000 | 0x3FFF_FFFF | Cached | 1 GB | RAM |

表 5-3  ORP 的中断向量规定

| 中断向量 | 用途 | 中断向量 | 用途 |
|---|---|---|---|
| 0 | 保留 | 10 | PCI Controller 0 |
| 1 | 保留 | 11 | General-Purpose DMA 0 |
| 2 | UART16550 Controller 0 | 12 | USB Func Controller 0 |
| 3 | General-Purpose I/O 0 | 13 | USB Host Controller 0 |
| 4 | Ethernet Controller 0 | 14 | Audio Controller 0 |
| 5 | PS/2 Controller 0 | 15 | IDE Controller 0 |
| 6 | Traffic COP 0, Real-Time Clock 0 | 16 | Firewire Controller 0 |
| 7 | PWM/Timer/Counter Controller 0 | 17 | HDLC Controller 0 |
| 8 | Graphics Controller 0 | 18 | TDM Controller 0 |
| 9 | IrDA Controller 0 | 19 | $I^2C$ Controller 0, Digital Camera Controller 0 |

## 5.4  设计与 Wishbone 兼容的 RAM 和 ROM 模块

### 5.4.1  RAM 模块

前面,已经介绍了一个使用描述方法建立 RAM 的例子,只需要为这个例子添加一部分接口处理就可以实现与 Wishbone 兼容。

为了与 OR1200 和 Wishbone 总线互连 IP 兼容,这个 RAM 的 IP 的数据和地址总线的宽度都必须是 32 位,但是存储器主体的宽度显然不能是 32 位,而且具体的大小要随着应用的变化而变化,因此使用一个参数来设定是最好的方法。完成后的部分源代码如下:

```verilog
// synopsys translate_off
`include "timescale.v"
// synopsys translate_on
module wb_iram (
    // Wishbone common signals
    wb_clk_i, wb_rst_i,

    // Wishbone slave interface
    wb_dat_i, wb_dat_o, wb_adr_i, wb_sel_i, wb_we_i, wb_cyc_i,
    wb_stb_i, wb_ack_o, wb_err_o
);
//
// Parameters
//
parameter aw = 7;


//
// Wishbone common signals
//
input           wb_clk_i;
input           wb_rst_i;

//
// Wishbone slave interface
//
input  [31:0]   wb_dat_i;
output [31:0]   wb_dat_o;
input  [31:0]   wb_adr_i;
input  [3:0]    wb_sel_i;
input           wb_we_i;
input           wb_cyc_i;
input           wb_stb_i;
output          wb_ack_o;
output          wb_err_o;
```

```
//
// Internal regs and wires
//
assign wb_err_o = 1'b0;
reg [31:0]      wb_dat_o;
reg             wb_ack_o;
reg [7:0] mem0  [(1 << (aw)) - 1:0];
reg [7:0] mem1  [(1 << (aw)) - 1:0];
reg [7:0] mem2  [(1 << (aw)) - 1:0];
reg [7:0] mem3  [(1 << (aw)) - 1:0];
//
// Read and Write
//
always @(posedge wb_clk_i or posedge wb_rst_i)
begin
    *
    *
    *
    *
    *
//
integer i;
initial
begin
    for(i = 0;i < (1 << (aw));i = i + 1)
    begin
        mem0[i] = 0;
        mem1[i] = 0;
        mem2[i] = 0;
        mem3[i] = 0;
    end
end
endmodule
```

************************** 代码不完整,不能用于商业 **************************

需要注意的是两个控制信号和输入地址的处理。

对于 wb_err_o,该信号被赋值为 1,原因是目前这个 RAM 没有必要产生总线错误信号。如果对系统的可靠性要求高,可以对输入地址进行判断,当地址偏移量超出 RAM 的总容量时,使能总线错误信号。

对于 wb_ack_o,在每个时钟的上升沿,当 wb_cyc_i 和 wb_stb_i 有效时立刻有效,这里不必增加等待。由于数据总线是 32 位,所以地址线的最低两位实际上没有作用,字节选择是靠 wb_sel_i 判断的。

initial 块内是对 RAM 数据的初始化,由于 FPGA 上电配置完成以后,RAM 块内数据的初始值是 0,所以为了仿真的需要将数据都赋值为 0。

 ### 5.4.2 ROM 模块

描述 ROM 时需要大量的数据,因此下面的描述代码将大量的赋值语句省略掉了。与 RAM 不同,由于不需要写入数据,所以 wb_sel_i 不需要处理。

```
// synopsys translate_off
`include "timescale.v"
// synopsys translate_on
module wb_irom (
    // Wishbone common signals
    wb_clk_i, wb_rst_i,
    // Wishbone slave interface
    wb_dat_i, wb_dat_o, wb_adr_i, wb_sel_i, wb_we_i, wb_cyc_i,
    wb_stb_i, wb_ack_o, wb_err_o,
    );
//
// Wishbone common signals
//
input           wb_clk_i;
input           wb_rst_i;

//
// Wishbone slave interface
//
input  [31:0]   wb_dat_i;
output [31:0]   wb_dat_o;
input  [31:0]   wb_adr_i;
input  [3:0]    wb_sel_i;
input           wb_we_i;
input           wb_cyc_i;
```

# 开源软核处理器 OpenRisc 的 SOPC 设计

```
input            wb_stb_i;
output           wb_ack_o;
output           wb_err_o;
//
// Internal regs and wires
//
 *
 *
 *
 *
 *
endmodule
```
\*\*\*\*\*\*\*\*\*\*\*\*\*\*\*\*\*\*\*\*\*\*\*\*\*\*\*\*\* 代码不完整,不能用于商业 \*\*\*\*\*\*\*\*\*\*\*\*\*\*\*\*\*\*\*\*\*\*\*\*\*\*\*\*\*

由于 ROM 中的数据往往较大,可能达到几千字节甚至更多,因此要自己手动写一个 ROM 的描述文件是一件痛苦和容易犯错的事情。所以,需要编写一个程序,根据指定文件的内容自动生成一个 ROM 描述文件。读者可以尝试在 Makefile 里面编写这个程序。

## 5.5 最简 I/O 控制器及综合结果分析

 ### 5.5.1 最简 I/O 控制器

通过前面的实验,相信大家对 Wishbone 总线接口有了一定的认识,下面再来设计一个 Wishbone 接口的 IP。

这个实验需要设计的 I/O 控制器属于前面所说的最简 I/O 控制器,它有 32 个输入和 32 个输出,两个数据寄存器的地址分别是 0x0 和 0x4,要具有复位时输出状态可控能力,即复位时输出数据可以控制。

下面给出一个标准代码供大家参考和分析。它的结构与 RAM 模块非常相似。

```
//
// Wishbone slave interface
//
input   [31:0]    wb_dat_i;
output  [31:0]    wb_dat_o;
input   [31:0]    wb_adr_i;
input   [3:0]     wb_sel_i;
input             wb_we_i;
```

```
    input          wb_cyc_i;
    input          wb_stb_i;
    output         wb_ack_o;
    output         wb_err_o;
    //
    // I/O Ports
    //
    input [31:0]   io_in;
    output [31:0]  io_out;
    //
    // Internal regs and wires
    //
    reg [31:0]     wb_dat_o;
    reg            wb_ack_o;
    assign wb_err_o = 1'b0;
    reg [31:0]     outreg;
    assign io_out = outreg;
    //
    // Read and Write
    //
    always @(posedge wb_clk_i or posedge wb_rst_i)
    *
    *
    *
    *
    endmodule
```
************************************ 代码不完整,不能用于商业 ************************************

wb_err_o、wb_ack_o、wb_cyc_i、wb_stb_i 和 wb_sel_i 等接口信号的使用和处理与上个实验的 RAM 模块的处理基本相同。在地址总线的处理上,由于这个控制器的 2 个寄存器的地址是 0x0 和 0x4,因此只需要对 wb_adr_i[2]进行译码即可。这种做法可以减少逻辑资源的使用量(可以少占用 10 个 LE)。复位可控功能是由"outreg <= #1 32'h0000_0000;"实现的。

### 5.5.2 综合结果分析

使用 Synplify pro 对上述描述进行综合后,打开 RTL 级综合结果。如图 5-10 所示,各种逻辑门和多路选择器、寄存器都按照标准方法表示,输入信号在最左边,输出信号在最右边。

开源软核处理器 OpenRisc 的 SOPC 设计

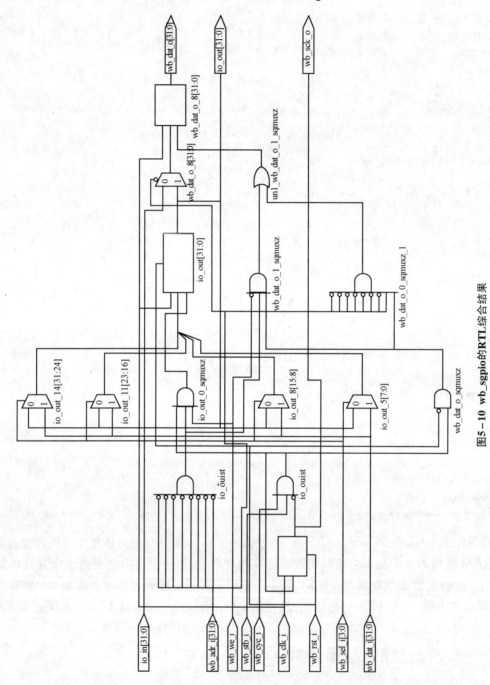

图 5-10 wb_sgpio 的 RTL 综合结果

双击一个实体可以打开源代码,背景是红色的部分就是对该实体的描述。一般来说,Verilog 中的 always 块综合以后会产生触发器,if 语句会产生多路选择器,而所有的组合运算会直接产生组合逻辑。由于在 wb_sgpio 中只有一个 always 块,所以双击图 5-10 中的任意一个触发器都会来到"always @(posedge wb_clk_i or posedge wb_rst_i)"。双击一个多路选择器(比如 outreg_16[31:24])会来到"if ( wb_stb_i & wb_cyc_i & wb_sel_i[3])";双击组合逻辑(比如 wb_ack_o_3)会来到"wb_ack_o <= #1 wb_cyc_i & wb_stb_i;"。这些都非常直观,由于在 Verilog 中,绝大多数描述都是使用的 always、if 和组合运算,所以理解了描述和综合结果之间的关系对于设计可综合、稳定可靠、速度高、体积小的电路有很大帮助。

## 5.6 最小系统的建立、编译和仿真

现在,已经有了 CPU、总线、ROM、RAM 和 I/O 控制器,下面将使用这些 IP 组成一个最小系统。

### 5.6.1 最小系统的建立

以本系统为例,需要更改的是 ar2000-1.35 芯片例化、system-1.35 系统顶层和 wb_imem 修改代码。所以代码取名是与之相关的,例如 system-1.35 系统顶层的文件为 system_imem_sgpio.v,ar2000-1.35 芯片例化文件为 ar2000_imem_sgpio.v。首先,将 wb_conbusex_top 的第 1 个和第 2 个从设备接口改为与其他从设备接口一致。然后,添加 wb_irom 和 wb_iram 的例化以及与 wb_conbusex_top 的连接信号,将 wb_irom 安装到 wb_conbusex_top 的第 2 个从设备的位置,将 wb_iram 安装到 wb_conbusex_top 的第 1 个从设备的位置。例化 wb_sgpio,将新添加的输出和输入端口连接到例化的 wb_sgpio 上,添加 Wishbone 总线的连接信号,将例化的 wb_sgpio 安装到 Wishbone 互连接口的第 4 个从设备接口上。

新建一个 modelsim 工程,工程的建立方法也和文件的管理一致,用 modelsim_sim_imem_sgpio.v 编译所有文件,将 ar2000_imem_sgpio.v 设为顶层设计。

最小系统的结构如图 5-11 所示。

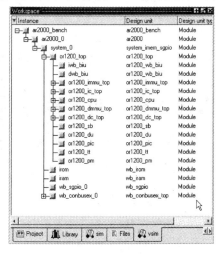

图 5-11 最小系统的结构

## 5.6.2 编写程序

这里给出一个示例程序,它的功能是复位后进入一个死循环,在循环内不断地读取输入端口的数据,然后发给 RAM 模块,RAM 模块收到以后,CPU 从 RAM 中读出数据发送到输出端口。0x00000000 是 Wishbone 互连的第 1 个从设备接口的地址,也就是 RAM 的地址。0x91000000 是 Wishbone 互连的第 4 个从设备接口的地址,也就是 wb_sgpio 的地址。

```
        .section .vectors,"ax"
        .org 0x100
_reset:
        l.andi      r0,r0,0
        l.movhi     r0,0

        l.andi      r1,r1,0x0
        l.movhi     r1,0x9100

        l.andi      r2,r2,0
        l.movhi     r2,0
.loop:
        l.lwz       r3,4(r1)
        l.sw        0(r2),r3
        l.lwz       r4,0(r2)
        l.sw        0(r1),r4
        l.addi      r2,r2,0x4
        l.j         .loop
        l.nop
```

可以参考前边几个实验中的例子,生成 ROM 文件的方法与上个实验相同。

## 5.6.3 仿 真

在仿真中,学会建立测试向量,即 testbeach 的写法。下面附这个实验的 beach——ar2000_imem_sgpio_bench.v。在这个测试向量中,当复位结束后,使输入不断地加 1,直到 16 次以后。

```
// synopsys translate_off
`include "timescale.v"
// synopsys translate_on

module ar2000_bench ( );
```

```verilog
    reg      pld_clear_n;

    reg   [7:0] pld_USER;
    reg   [3:0] user_PB;
    wire  [7:0] user_LED;
    wire  [7:0] hex_1;
    wire  [7:0] hex_0;
    // 40MHz
    always
    begin
        proto_CLKOUT0 = 1'b0;
        #10;
        proto_CLKOUT0 = 1'b1;
        #10;
    end
    reg   [3:0] Counter;
    initial
    begin
        pld_clear_n = 1'b0;
        Counter = 16'h0000;
        #100;
        user_PB = 4'h0 ;
        pld_USER = 8'h00 ;
        pld_clear_n = 1'b1;

        while ( Counter != 4'hf)
        begin
            #500;
            user_PB = user_PB + 4'h1 ;
            pld_USER = pld_USER + 8'h04 ;
            Counter = Counter + 1'b1;
        end
        #100;
        $stop;
    end
    ar2000 ar2000_0 (
        .proto_CLKOUT0(proto_CLKOUT0),
```

开源软核处理器 OpenRisc 的 SOPC 设计

```
        .pld_clear_n(pld_clear_n),

        .pld_USER(pld_USER),
        .user_PB(user_PB),
        .user_LED(user_LED),
        .hex_1(hex_1),
        .hex_0(hex_0)
        );

Endmodule
*********************** 代码不完整,不能用于商业 *******************
```

下面以 650 ns 位置以后开始的第 1 次对 wb_sgpio 访问为例进行说明。在 511 ns 左右 CPU 读 0x91000004 地址,610 ns 时访问结束;在 651 ns 左右 CPU 开始写 RAM0x00000000 地址;在 770 ns 时,开始读 RAM;在 870 ns 时,开始写 I/O 的输出寄存器 0x910000000;在 951 ns 时操作完成;然后开始一个读/写循环。

# 第 6 章

# Debug 接口的实现

## 6.1 JTAG 原理和标准

### 6.1.1 JTAG 简介

JTAG 标准最早是 20 世纪 80 年代由联合测试行动组(Joint Test Action Group,JTAG)制定的边界扫描测试(Boundary-Scan Testing,BST)规范,后来在 1990 年被批准为 IEEE Std 1149.1-1990 标准,简称 JTAG 标准。1993 年,IEEE Std. 1149.1 标准进行了修订,修改了很多错误,并得到了一些加强。1994 年,增加了 BSDL 描述语言(Boundary-Scan Description Language)。从那时起,JTAG 标准开始被世界上一些主要电子厂商应用。应用范围包括高端的消费类产品、通信、军事、航空、计算机和周边器件。

使用 JTAG 进行系统测试的优点是:
- 可以迅速检测芯片之间的连接是否可靠;
- 对于一些结构复杂的芯片,比如 CPU、FPGA,只使用少量的引脚资源就可以实现在线调试,而不需要大量引脚引出信号。

### 6.1.2 基本单元

测试单元是通过在被测逻辑的两端附加一些多路选择器和锁存器等控制逻辑实现的。JTAG 的基本测试单元如图 6-1 所示,图中直接连接 Signal In 和 Signal Out 的就是被测逻

# 开源软核处理器 OpenRisc 的 SOPC 设计

辑。在正常工作模式时,信号从 Signal In 进来,经过 Signal Out 出去;在测试模式时,改变 Clock-DR 和 Update-DR 这两个信号,Signal In 可以通过 Shift Out 被传递出去,而被测逻辑的输入则可以通过 Shift In 传递进来,Signal Out 可以通过下一级的测试单元传递出去。

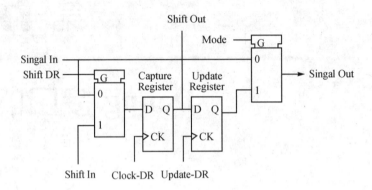

图 6-1 JTAG 基本单元

图 6-2 是一个多级测试单元级联测试芯片引脚信号的示意图。将相邻的测试单元的 Shift In 和 Shift Out 连接起来,在共同的测试端口(Test Access Port,TAP)逻辑控制下,就可以实现对芯片输入的控制和输出的检测。

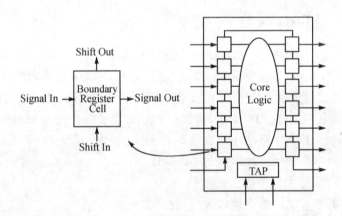

图 6-2 JTAG 基本单元的级联

### 6.1.3 总体结构

JTAG 控制器的电路结构如图 6-3 所示。JTAG 控制器主要由 3 部分组成:TAP 控制器、指令寄存器和指令译码器、数据寄存器。整个 JTAG 的接口信号有 5 个:

# Debug 接口的实现 6

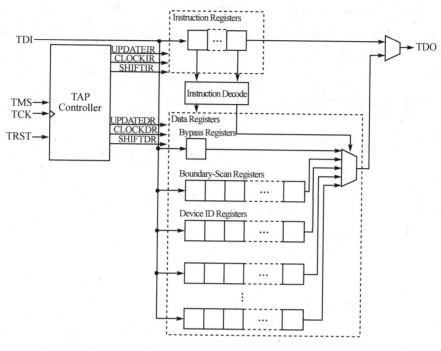

图 6-3 JTAG 电路结构

- TCK：边界扫描时钟；
- TMS：JTAG 测试模式选择；
- TDI：串行边界扫描输入数据；
- TDO：串行边界扫描输出数据；
- TRST：JTAG 测试逻辑复位。

(1) TAP 控制器

TAP 控制器根据 TCK、TMS 和 TRST 控制 UPDATEIR、CLOCKIR、SHIFIR 和 UPDATEDR、CLOCKDR、SHIFDR 这 6 个信号，其作用是将 JTAG 的控制信号转变为对指令寄存器和数据寄存器的控制信号。

(2) 指令寄存器和指令译码器

指令寄存器和指令译码器的作用是根据 JTAG 的命令选择具体的数据寄存器，比如 Bypass Register、Boundary-Scan Register 等。也可以通过指令寄存器直接执行扫描测试，这时指令寄存器的输出直接去驱动 TDO。

(3) 数据寄存器

在 IEEE 1149.1 中只规定了必须具有的 2 个数据寄存器是边界扫描寄存器（Boundary-Scan Register）、旁通寄存器（Bypass Register）。其他寄存器没有做具体的规定，但是一般情况下都有器件身份(Device ID)寄存器。通常把数据寄存器里的寄存器和接口信号称为"链"，比如边界扫描链、旁通链等。这些一次只能使用一个，使用哪个由指令进行控制。每一个链都有一个身份号(ID)，通过 ID 对链进行识别和选择。

### 6.1.4　TAP 状态机

如上所述，TAP 控制器是边界扫描测试核心控制器。在 TCK 和 TMS 的控制下，可以选择使用指令寄存器或数据寄存器进行扫描，以及控制边界扫描测试的各个状态。TMS 和 TDI 在 TCK 的上升沿被采样，TDO 在 TCK 的下降沿变化。TAP 控制器的状态机如图 6-4 所示。

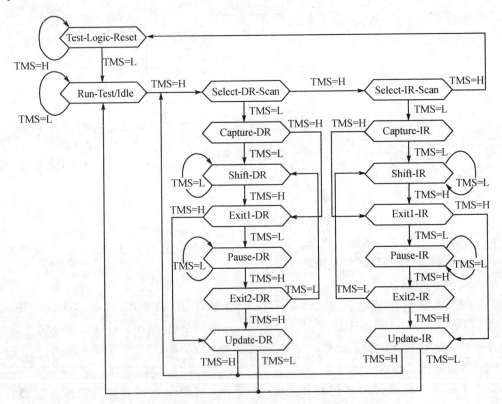

图 6-4　TAP 状态机

TAP 控制器的状态机有 6 个稳定状态：测试逻辑复位(Test-Logic-Reset)、测试/等待(Run-Test/Idle)、数据寄存器移位(Shift-DR)、数据寄存器移位暂停(Pause-DR)、指令寄存器移位(Shift-IR)、指令寄存器移位暂停(Pause-IR)。

在上电或 IC 正常运行时，必须使 TMS 在最少持续 5 个 TCK 保持为高电平，则 TAP 进入测试逻辑复位态。这时，TAP 发出复位信号使所有的测试逻辑不影响元件的正常运行。若需要进行边界扫描测试，可以在 TMS 与 TCK 的配合控制下，退出复位，进入边界扫描测试需要的各个状态。

### 6.1.5 应 用

JTAG 的串行连接方式使它可以很方便地连接各个器件。如图 6-5 所示，这是一个具有 CPU、CPLD 和其他控制器件、存储器的系统示意图，使用 JTAG 的串行连接，只使用一个 JTAG 接口就可以实现对所有 JTAG 器件的测试和控制。

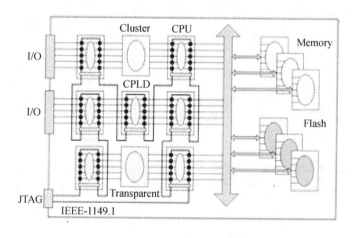

图 6-5 JTAG 板级应用

☞ **注意**：图 6-5 中没有描述 TCK、TMS、TRST 信号，它们应该连接到每个 JTAG 器件上。

## 6.2 调试模块的结构及其与 OR1200 的连接方法

### 6.2.1 DBGI 简介

如前面所说的那样，在我们使用的 OpenRisc 中有一个专门调试单元，它提供了一个调试接口，可以通过控制该接口实现对 CPU 的在线调试。OpenCores 有一个专门针对这个调试接口的、符合 JTAG 标准的 IP Core，称之为调试模块（Debug Interface，DBGI）。DBGI 提供了对 OpenRisc、Wishbone 总线设备和边界扫描的支持，使用它可以控制 OpenRisc 的运行、停止、复位,可以读/写 OpenRisc 内部的特殊寄存器,以及对 OpenRisc 指令执行的跟踪,还可以读/写 Wishbone 总线上的设备的数据。不过由于这个 IP 最早是在 Xilinx 的 FPGA 上实现的,使用了 Xilinx 的 FPGA 的内部 RAM,还没有移植到 Altera 的 FPGA 上,所以在 Altera 的 FPGA 上还不能使用跟踪功能。

### 6.2.2 DBGI 结构

DBGI 的结构如图 6-6 所示。与图 6-3 相比,没有 Boundary-Scan Register,这是由于没有具体的应用环境造成的,但是 DBGI 留有边界测试的信号接口,在具体应用时,可以很方便地添加对边界测试的支持。"OR1k Debug"就是 OpenRisc 的调试数据寄存器,通过 JTAG 命令和测试数据寄存器可以实现对 CPU 内部逻辑的访问和控制。Wishbone 是 Wishbone 总线数据寄存器,通过它可以读/写 Wishbone 总线上的设备的数据。

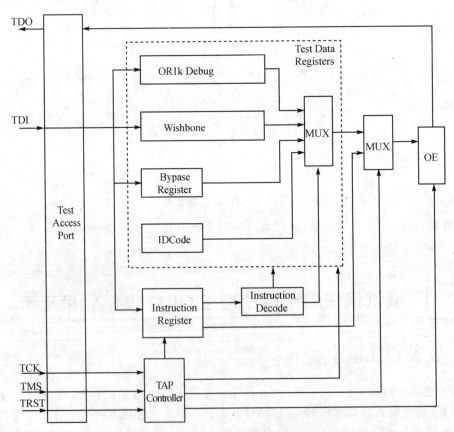

图 6-6 DBGI 功能框图

# Debug 接口的实现 6

DBGI 与外部 IP 连接的完整结构如图 6-7 所示,不过有些链,比如 Risc Test、Block Scan 和 Option Scan 没有实现,不过在一般的基于 FPGA 的系统里也不需要这些链,所以不影响使用。这些计划中要实现的链以及已经实现的链的 ID 和功能如表 6-1 所列。

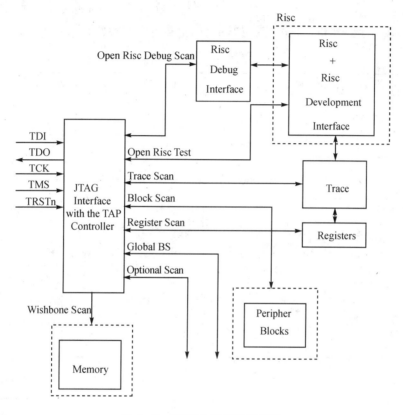

图 6-7 DBGI 与系统连接框图

表 6-1 DBGI 链的功能定义

| 链 | ID | 描 述 |
|---|---|---|
| Global BS(Boundary-Scan) | 0000 | 边界测试 |
| OpenRisc Debug Scan | 0001 | OpenRisc 调试 |
| OpenRisc Test | 0010 | OpenRisc 制造测试 |
| Trace Scan | 0011 | 程序跟踪 |
| Register Scan | 0100 | 内部寄存器 |
| Wishbone Scan | 0101 | 访问 Wishbone |
| Bloack Scan | 0110~0111 | 测试外围设备 |
| Optional Scan | 1000~1111 | 附加测试,用户定义 |

### 6.2.3 I/O 端口

DBGI 的 I/O 端口分为 4 类：外部器件接口（JTAG 接口）、OpenRisc 接口、Wishbone 接口和边界扫描接口。各接口的信号定义如表 6-2～表 6-5 所列。

表 6-2 DBGI 的 JTAG I/O 端口信号

| 信号 | 宽度/位 | 方向 | 描述 | 信号 | 宽度/位 | 方向 | 描述 |
|---|---|---|---|---|---|---|---|
| tms_pad_i | 1 | 输入 | TMS 信号 | Tdi_pad_i | 1 | 输入 | TDI 信号 |
| Tck_pad_i | 1 | 输入 | TCK 信号 | Tdo_pad_o | 1 | 输出 | TDO 信号 |
| Trst_pad_i | 1 | 输入 | TRST 信号 | Tdo_padoen_o | 1 | 输出 | TDO 输出使能 |

表 6-3 DBGI 的 OpenRisc I/O 端口信号

| 信号 | 宽度/位 | 方向 | 描述 | 信号 | 宽度/位 | 方向 | 描述 |
|---|---|---|---|---|---|---|---|
| risc_clk_i | 1 | 输入 | OpenRisc 的时钟 | Bp_i | 1 | 输入 | 断点输入 |
| risc_addr_o | 32 | 输出 | OpenRisc 特殊寄存器地址 | opselect_o | 3 | 输出 | 操作选择输出 |
| risc_data_i | 32 | 输入 | OpenRisc 特殊寄存器数据输入 | lsstatus_i | 4 | 输入 | Load/Store 状态输入 |
| risc_data_o | 32 | 输出 | OpenRisc 特殊寄存器数据输出 | istatus_i | 2 | 输入 | 指令状态输入 |
| | | | | risc_stall_o | 1 | 输出 | OpenRisc 暂停输出 |
| Wp_i | 11 | 输入 | 观察点输入 | reset_o | 1 | 输出 | OpenRisc 复位输出 |

表 6-4 DBGI 的 Wishbone I/O 端口信号

| 信号 | 宽度/位 | 方向 | 描述 |
|---|---|---|---|
| wb_rst_i | 1 | 输入 | Wishbone 复位 |
| wb_clk_i | 1 | 输入 | Wishbone 时钟 |
| wb_adr_o | 32 | 输出 | Wishbone 地址 |
| wb_dat_o | 32 | 输出 | Wishbone 数据输出 |
| wb_dat_i | 32 | 输入 | Wishbone 数据输入 |
| wb_cyc_o | 1 | 输出 | Wishbone 循环 |
| wb_stb_o | 1 | 输出 | Wishbone 选通 |
| wb_sel_o | 4 | 输出 | Wishbone 选择 |
| wb_we_o | 1 | 输出 | Wishbone 写使能 |
| wb_ack_i | 1 | 输入 | Wishbone 响应 |
| wb_cab_o | 1 | 输出 | Wishbone 总线突发 |
| wb_err_i | 1 | 输入 | Wishbone 错误 |

表 6-5 DBGI 的边界扫描 I/O 端口信号

| 信号 | 宽度/位 | 方向 | 描述 |
|---|---|---|---|
| capture_dr_o | 1 | 输出 | CaptureDR 信号 |
| shift_dr_o | 1 | 输出 | ShiftDR 信号 |
| update_dr_o | 1 | 输出 | UpdateDR 信号 |
| extest_selected_o | 1 | 输出 | 外部测试选择 |
| bs_chain_i | 1 | 输入 | 边界扫描链数据输入 |
| bs_chain_o | 1 | 输出 | 边界扫描链数据输出 |

### 6.2.4 内部寄存器

DBGI 的内部寄存器是通过 Register Scan 链来进行访问的,它们的作用是控制 OpenRisc 的运行和控制跟踪功能的实现。各个寄存器的功能如表 6-6 所列。

表 6-6 DBGI 的内部寄存器

| 名 称 | 地 址 | 宽度/位 | 访 问 | 描 述 |
|---|---|---|---|---|
| MODER | 0x0 | 32 | 读写 | 模式寄存器 |
| TSEL | 0x4 | 32 | 读写 | 跟踪缓冲的触发选择寄存器 |
| QSEL | 0x8 | 32 | 读写 | 跟踪缓冲的限定选择寄存器 |
| SSEL | 0xC | 32 | 读写 | 停止选择寄存器 |
| RISCOP | 0x10 | 32 | 读写 | OpenRisc 运行控制寄存器 |
| RECSEL | 0x40 | 32 | 读写 | 记录选择寄存器 |

MODER、TSEL 和 QSEL 都是用于跟踪的,所以这里不作介绍。SSEL 用于设置断点和观察点,RECSEL 用于 SPR(OpenRisc 的特殊功能寄存器)、Load/Store(载入/存储)和 PC(程序指针)等运行状态的跟踪。由于一些功能没有完全实现,所以也不作介绍。下面只介绍 RISCOP 寄存器(见表 6-7)。

表 6-7 RISCOP 寄存器

| 位 | 访 问 | 描 述 |
|---|---|---|
| 31~2 | | 保留 |
| 1 | 读写 | 复位 OpenRisc;0——正常;1——复位 |
| 0 | 读写 | 停止 OpenRisc;0——正常;1——停止 OpenRisc 运行 |

### 6.2.5 链结构

不同链的寄存器的长度和结构是不一样的,下面介绍最重要的几条链的结构。

首先,是用于 OpenRisc 调试的 OpenRisc 链。输出链的结构如图 6-8 所示,长度是 74 位,前 33 位是 0,然后是 32 位的数据和 9 位的 CRC 校验位。输入链的结构如图 6-9 所示,长度是 74 位,前 32 位是要访问的地址,也就是 OpenRisc 的特殊功能寄存器(SPR)的地址,然后是 1 位读/写控制位、32 位的数据和 8 位的 CRC 校验位,最后 1 位保留。

然后,是用于访问 Wishbone 总线的 Wishbone 链。输出链的结构如图 6-10 所示,长度也是 74 位,第 1 位是访问成功标志位,第 2 位是访问是否完成标志位,接着是 31 位的 0,然后是 32 位的数据和 9 位的 CRC 校验位。输入链的结构如图 6-11 所示,前 32 位是要访问的地址,也就是 Wishbone 总线的地址,然后是 1 位的读/写控制位,32 位的数据和 8 位的 CRC 校验位,最后 1 位保留。

可以看出,Wishbone 和 OpenRisc 链的结构很相似,最大的不同是 Wishbone 的输出链有访问是否成功的标志,原因是系统无法保证每次对总线的访问都可以完成。

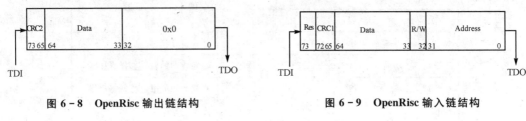

图 6-8  OpenRisc 输出链结构     图 6-9  OpenRisc 输入链结构

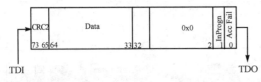 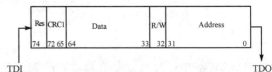

图 6-10  Wishbone 输出链结构     图 6-11  Wishbone 输入链结构

最后,是用于控制 DBGI 本身的内部寄存器链。输出链的结构如图 6-12 所示,长度是 47 位,前 6 位是 0,然后是 32 位的数据和 9 位的 CRC 校验位;输入链的结构如图 6-13 所示,长度是 47 位,前 5 位是要访问的地址,也就是 DBGI 的内部寄存器的地址,然后是 1 位的读/写控制位,32 位的数据和 8 位的 CRC 校验位,最后 1 位保留。

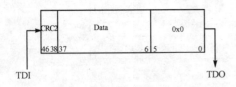

图 6-12  内部寄存器输出链结构     图 6-13  内部寄存器输入链结构

## 6.2.6  未来发展

由于 OpenRisc 的发展,OpenCores 现在已经不再维护 DBGI 了。这个 IP 现在分成了 2 部分:OpenRisc 调试接口 IP——debug_interface 和 JTAG 的 IP——JTAG,而且接口有了很大变化。由于我们的系统使用的 OpenRisc 的版本较早,而且新的调试系统耗费的逻辑资源较多,因此使用了调试和 JTAG 集成的 IP,所以对于分立的 IP 只作简单介绍。

debug_interface 与 DBGI 相比,不同点如下:
> 不再包含 TAP 状态机,TAP 部分由 JTAG 完成;
> 与 OpenRisc 的接口的数据传输由单纯的单方向控制变为握手型,使用更加可靠;
> 它可以通过配置选择支持 Wishbone、1 个或者 2 个 OpenRisc 接口;
> 与 Wishbone 的接口更加灵活,可以实现 8 位、16 位和 32 位的访问,而 DBGI 只能实现 32 位的访问;
> 一些链的长度发生了变化。

因此,debug_interface 使用的灵活性更强,功能更强大。使用 debug_interface 可以实现如图 6-14 所示的新型调试系统。

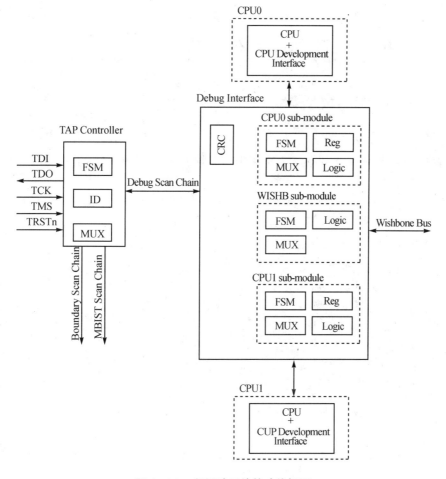

图 6-14 新调试系统的功能框图

但是在资源使用方面,debug_interface 不占优势,在速度方面两者差不多。由于 JTAG 的资源使用量很小,速度很高,所以只进行 DBGI 和 debug_interface 的比较。Synplify pro 的综合结果如表 6-8 所列。

表 6-8 DBGI 与 debug_interface 比较

| IP | ATOM | TCK 速度/MHz |
|---|---|---|
| DBGI | 553 | 47.2 |
| debug_interface(最大系统) | | |
| debug_interface(2 个 OpenRisc 接口＋Wishbone 接口) | 2 342 | 47.6 |
| debug_interface(1 个 OpenRisc 接口＋Wishbone 接口) | 1 826 | 48.6 |
| debug_interface(1 个 OpenRisc 接口) | 704 | 53.5 |

## 6.3 DBGI 的集成和板级功能仿真

### 6.3.1 DBGI 的集成

如果要新建一个名为 ar2000_dbg 的工程,那么按照以前的代码组织结构,需要新建一个顶层例化文件 ar2000_dbg.v 以及一个系统结构文件 system_dbg.v。

编辑 system_dbg.v。首先,在以前的基础上加入 DBGI 模块,DBGI 要与 or1200_top 和 wb_conbusex_top 连接,它的 JTAG 信号使用 jtag_tdi、jtag_tms、jtag_tck、jtag_trst 和 jtag_tdo。OR1200 的复位信号需要由系统复位和 DBGI 的输出共同控制。

DBGI 连在 wb_conbusex_top 的第 4 个主设备接口,代码如下:

```
     // Wishbone Master 3
    .m3_cyc_i    ( wb_dm_cyc_o ),
    .m3_stb_i    ( wb_dm_stb_o ),
    .m3_cab_i    ( wb_dm_cab_o ),
    .m3_adr_i    ( wb_dm_adr_o ),
    .m3_sel_i    ( wb_dm_sel_o ),
    .m3_we_i     ( wb_dm_we_o ),
    .m3_dat_i    ( wb_dm_dat_o ),
    .m3_dat_o    ( wb_dm_dat_i ),
    .m3_ack_o    ( wb_dm_ack_i ),
    .m3_err_o    ( wb_dm_err_i ),
    .m3_rty_o    ( ),
```

exp5 的文件组织如图 6-15 所示。

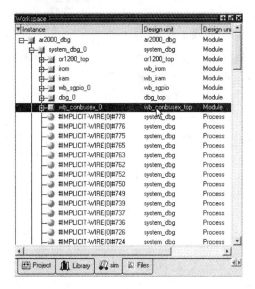

图 6-15  exp5 的文件组织

## 6.3.2  板级功能仿真

由于 JTAG 是目标系统的一个外部接口,仅靠系统内部的仿真是不具有说服力的,而且 JTAG 的时序复杂,因此,通过使用 Verilog 建立一个包括开发板上的 FPGA、通用 JTAG 接口、时钟、复位等电路的系统,以及编写测试向量来解决这两个问题。添加仿真测试文件 ar2000_dbg_bench.v 后,系统的结构如图 6-16 所示。

下面来分析 ar2000_dbg_bench.v。现在该文件还比较简单,包括板子上直接连接 FPGA 的信号的声明,ar2000_dbg 的例化(也就是我们的目标系统的例化)和测试部分,也就是对板级信号的激励,最后是一些与 JTAG 仿真测试时使用的任务。这些任务的作用如下:

- dbgi_GenClk(Number):使 TCK 信号产生 Number 个数量的上升沿;
- dbgi_ResetTAP:复位 TAP 状态机;
- dbgi_GotoRunTestIdle:使 TAP 状态机进入 Idle 状态;
- dbgi_SetInstruction(Instr):向状态机发送命令;
- dbgi_ChainSelect(Data,Crc):选择链;
- dbgi_ReadRISCRegister(Address,Crc):读取 OpenRisc SPR 或者 Wishbone 指定地址的数据;
- dbgi_WriteRISCRegister(Data,Address,Crc):向 OpenRisc SPR 或者 Wishbone 指定

# 开源软核处理器 OpenRisc 的 SOPC 设计

地址写入数据；
- dbgi_ReadRegister(Address,Crc)：读取 DBGI 指定内部寄存器的数据；
- dbgi_WriteRegister(Data,Address,Crc)：向 DBGI 指定内部寄存器写入数据；
- dbgi_ReadIDCode：获得 Device ID。

测试部分先控制复位信号，对系统进行复位，然后执行一系列任务，对 DBGI 的 TAP 状态机、ID 寄存器、指令寄存器和数据寄存器进行访问。由于源代码比较易懂，所以不作详细介绍。

初始化仿真，新建一个波形文件，将 DBGI 的 JTAG 接口、OpenRisc 接口、Wishbone 接口信号。选择 Simulation→Run 进行仿真，仿真结束以后，仿真时间会停在 165.9 μs。

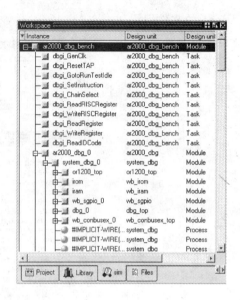

图 6-16　exp5 的仿真顶层结构

TAP 状态机信号的波形比较复杂，可以对照 TAP 的状态机转换图来进行分析。对 OpenRisc、Wishbone 的访问比较简单，可以从图 6-17 和图 6-18 直接看出来。对内部寄存器的访问主要通过 DBGI 内的 Chain 信号的波形判断，如图 6-19 所示。

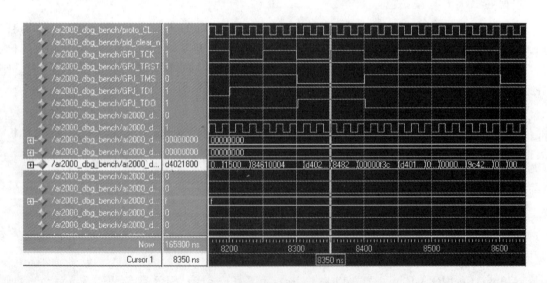

图 6-17　DBGI 访问 Wishbone 的仿真波形

# Debug 接口的实现 6

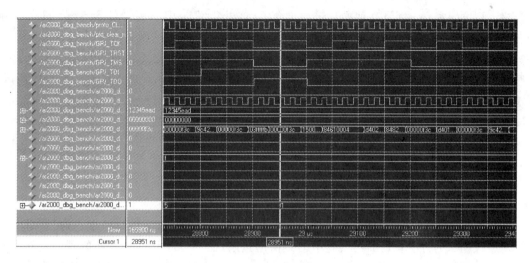

图 6-18　DBGI 访问 OpenRisc 的仿真波形

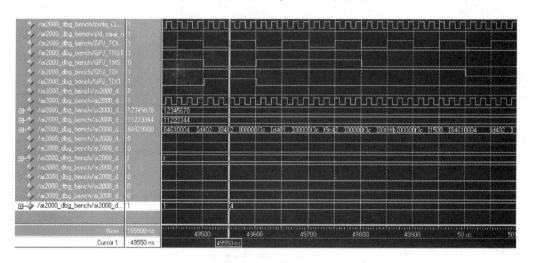

图 6-19　DBGI 访问内部寄存器的仿真波形

## 6.4　GDB、JTAG、GDBServer、or1ksim 的工作原理

### 6.4.1　GDB

GDB 是一款功能强大的调试工具,关于它的功能、基本使用方法和命令,前面也进行了一

些介绍。JTAG 和 or1ksim 在前面也进行了介绍,这里介绍 GDB 和 JTAG Server、or1ksim 配合在一起进行 OR1200 软件调试的原理和具体使用方法。

GDB 强大功能的体现之一是,它可以进行各种级别的调试,它不但可以调试本地的应用程序、系统内核,还可以进行远程的系统和应用程序调试,以及跨平台的系统和应用程序调试。由于 GDB 的开源和开放结构使它可以很快地被移植到各种系统平台上,对各种目标系统进行调试。在它支持的目标系统中就有我们使用的 OR1200。那么运行在 PC 上的 GDB 是如何调试运行在目标板的 OR1200 上的软件呢?靠的是 JTAG Server 或者 GDBServer。

### 6.4.2 GDB 和 JTAG Server

在目标板的 OR1200 运行起操作系统之前必须使用 JTAG 作为调试通道。通过 GDB 和 JTAG 进行调试的方法在前面的实验中已经使用过了,图 6-20 是这种方法的硬件连接示意图。它的系统结构框图如图 6-21 所示。我们在 Linux 主机上运行 GDB 和 JTAG Server,它们之间通过网络协议进行通信,JTAG Server 则通过 PC 机的并行口和 JTAG 下载电缆控制目标板上的 DBGI IP Core,从而实现对目标系统的控制。由于 JTAG Server 是运行在 PC 上的一个软件,因此把这种 JTAG Server 称为 Soft JTAG Server,也就是软 JTAG Server。以后的实验都是采用这种方式进行软件的调试。

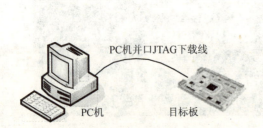

图 6-20 使用本机上的 JTAG Server 进行调试的示意图

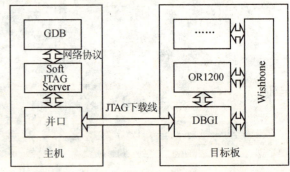

图 6-21 使用本机上的 JTAG Server 进行调试的框图

上边这种方法的优点是调试环境硬件成本低,只需要一根 JTAG 下载电缆,但是缺点是速度太低,在调试 μClinux 内核这样的大型软件时,下载过程要持续 1 分多钟。这是因为使用 PC 的并口模拟 JTAG 的控制时序消耗了大量的时间。解决这个问题的方法之一是添加一个独立的硬件设备,它可以通过以太网使用 GDB 与 JTAG Server 之间的通信协议与 GDB 进行通信,然后使用专门的 JTAG 接口电路控制目标板上的 DBGI。这样的设备通常称之为

JTAG 仿真器。使用这种方式的硬件连接示意图和系统结构框图如图 6-22 和图 6-23 所示。由于 JTAG Server 是运行在独立硬件设备上的一个软件,因此把这种 JTAG Server 称为 Hard JTAG Server,也就是硬 JTAG Server。不过,遗憾的是目前这样的设备还没有开发出来。

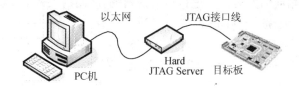

图 6-22　使用独立的 JTAG Server 进行调试的示意图

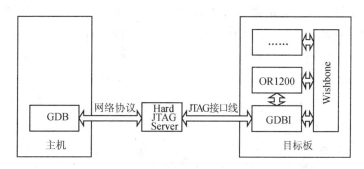

图 6-23　使用独立的 JTAG Server 进行调试的框图

### 6.4.3　GDB 和 GDBServer

一旦目标板运行起 μClinux 或者 Linux 操作系统以后,就可以通过在目标板的操作系统里运行一个 GDBServer(注意:GDBServer 中没有任何空格,是一个词,而 JTAG Server 则是两个词),使用串口进行系统和应用程序的调试。这种方法仅适用于对应用程序的调试。使用这种方式的硬件连接示意图和系统结构框图如图 6-24 和图 6-25 所示。不过,同样令人遗憾的是,目前这样的软件环境还没有建立起来。

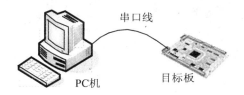

图 6-24　应用程序调试的示意图

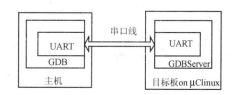

图 6-25　应用程序调试的框图

### 6.4.4 GDB 和 or1ksim

使用 or1ksim 替代实际硬件目标板进行软件开发时也可以使用 GDB 进行调试。or1ksim 和 GDB 之间也是通过相同的网络协议进行通信的,它们之间的关系如图 6-26 所示。

在这种情况下,实际上是 or1ksim 模拟了 JTAG 协议,所以从某种程度上来说,or1ksim 也是一个 JTAG Server。

由于使用相同的 JTAG 协议,所以 GDB 实际上并不知道与它连接的是软 JTAG Server、硬 JTAG Server 还是 or1ksim,因此调试的方法是完全相同的。而且这个 JTAG 协议是建立在标准的网络协议的基础上的,因此实际上与

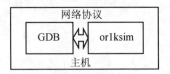

图 6-26 使用 or1ksim 进行软件调试的框图

JTAG Server 运行在哪一台设备上没有关系,只要运行 GDB 的设备与运行 JTAG Server 的设备可以进行网络连接就可以了。比如,可以在 Linux 主机上运行 or1ksim,然后在 Windows 主机的 Cygwin 环境下运行 GDB。

### 6.4.5 JTAG 协议

下面来分析 GDB 与各种 JTAG Server 之间使用的 JTAG 协议。首先分析软 JTAG Server 的代码。

软 JTAG Server 的代码在 jp1.c 和 gdb.h 中。jp1.c 中主要包括 main 函数、JTAG 时序模拟、网络连接处理和 GDB 响应处理 4 部分;gdb.h 则是与 JTAG 协议有关的宏定义。main 函数的功能是分析命令行参数,调用网络连接函数 GetServerSocket,建立 socket 连接,最后进入一个循环函数 HandleServerSocket。循环函数等待 socket 数据,分析数据,调用 GDB 响应处理函数 GDBRequest 和 JTAGRequest。GDB 响应处理函数根据 socket 的数据中的命令和数据信息,调用相应的 JTAG 时序模拟函数进行最终处理。

在这个过程中,最重要的 socket 的数据中的命令和数据信息,命令一共有 5 种,在 gdb.h 中定义:

```
typedef enum {
    JTAG_COMMAND_READ = 1,
    JTAG_COMMAND_WRITE = 2,
    JTAG_COMMAND_BLOCK_READ = 3,
    JTAG_COMMAND_BLOCK_WRITE = 4,
    JTAG_COMMAND_CHAIN = 5,
} JTAG_proxy_protocol_commands;
```

这 5 个命令分别是单字读、单字写、块读、块写和 JTAG 链转换。使用链切换命令——JTAG_COMMAND_CHAIN，可以选择 DBGI 内的不同链。在 gdb.h 中同样有对各个链的宏定义：

```
enum jtag_chains
{
    SC_GLOBAL,        /* 0 Global BS Chain */
    SC_RISC_DEBUG,    /* 1 Risc Debug Interface chain */
    SC_RISC_TEST,     /* 2 Risc Test Chain */
    SC_TRACE,         /* 3 Trace Chain */
    SC_REGISTER,      /* Register Chain */
    SC_Wishbone,      /* 5 Memory chain */
    SC_BLOCK,         /* Block Chains */
};
```

选择了 DBGI 内的不同链以后，使用 JTAG_COMMAND_READ、JTAG_COMMAND_WRITE、JTAG_COMMAND_BLOCK_READ、JTAG_COMMAND_BLOCK_WRITE 这 4 个命令就可以实现对相应 JTAG 数据寄存器的读/写，从而实现各种调试功能。

比如需要停止 CPU，步骤如下：

① GDB 发送 JTAG_COMMAND_CHAIN 命令，参数是 SC_REGISTER；

② JTAG Server 使 DBGI 转换到 Register Scan 链；

③ GDB 会发送 JTAG_COMMAND_READ，参数是 RISCOP 寄存器的地址 0x10；

④ JTAG Server 读取 RISCOP 寄存器的数值，再通过 socket 发回给 GDB；

⑤ GDB 将 JTAG Server 发回的数据进行位运算，设置第 0 位（见表 6-7），然后发送 JTAG_COMMAND_WRITE，参数是 RISCOP 寄存器的地址 0x10 和经过运算的数值；

⑥ JTAG Server 将 RISCOP 寄存器设置为经过运算的数值。

由于 JTAG Server 仅仅是执行命令，所以它本身并不知道执行的是什么调试动作，因此要了解以上的过程就需要阅读 GDB 的代码。具体代码如下：

```
static void
or1k_stall ()
{
    int val;
    or1k_set_chain (SC_REGISTER);
    val = or1k_read_reg (JTAG_RISCOP);
    or1k_write_reg (JTAG_RISCOP, val | 1);
    or1k_read_reg (JTAG_RISCOP);

    /* Be cautious - disable trace */
```

```
    val = orlk_read_reg (JTAG_MODER);
    orlk_write_reg (JTAG_MODER, val & ~2);
}
```

以上代码的 orlk_set_chain、orlk_read_reg、orlk_write_reg 都是调用 jtag.c 中的函数实现的。以 orlk_set_chain 为例：

```
/* Sets scan chain */
static void
orlk_set_chain (chain)
    int chain;
{
  if (current_orlk_target != NULL && current_orlk_target -> to_set_chain ! = NULL)
    current_orlk_target -> to_set_chain (chain);
}
```

它调用的是 to_set_chain 函数，由于是通过指针函数实现的，所以函数名有所变化，这个函数实际上是 jtag_set_chain 函数：

```
/* Sets scan chain */

void
jtag_set_chain (chain)
    int chain;
{
  int result;

#ifdef DEBUG_JTAG
  printf_unfiltered ("set chain % x\n", chain);
  fflush (stdout);
#endif
  switch(connection.location)
    {
    case JTAG_LOCAL:
      if (current_chain != chain)
      {
        if (!chain_is_valid[chain])
          error ("Chain not valid.");
        current_chain = chain;
        jp1_prepare_control ();
        jp1_write_JTAG (0);              /* CAPTURE_IR */
```

```
        jp1_write_JTAG (0);              /* SHIFT_IR */

        /* write data, EXIT1_IR */
        jp1_write_stream (JI_CHAIN_SELECT, JI_SIZE, 4);

        jp1_write_JTAG (1);              /* UPDATE_IR */
        jp1_write_JTAG (1);              /* SELECT_DR */

        jp1_write_JTAG (0);              /* CAPTURE_DR */
        jp1_write_JTAG (0);              /* SHIFT_DR */

        /* write data, EXIT1_DR */
        jp1_write_stream (chain, SC_SIZE, 1);

        jp1_write_JTAG (1);              /* UPDATE_DR */
        jp1_write_JTAG (1);              /* SELECT_DR */

        /* Now we have to go out of SELECT_CHAIN mode */
        jp1_write_JTAG (1);              /* SELECT_IR */
        jp1_write_JTAG (0);              /* CAPTURE_IR */
        jp1_write_JTAG (0);              /* SHIFT_IR */

        /* write data, EXIT1_IR */
        jp1_write_stream (JI_DEBUG, JI_SIZE,1 );

        jp1_write_JTAG (1);              /* UPDATE_IR */
        jp1_write_JTAG (1);              /* SELECT_DR */
        select_dr = 1;
    }
    break;
case JTAG_REMOTE:
    if(current_chain != chain)
    {
        if(result = jtag_send_proxy(JTAG_COMMAND_CHAIN,chain))
        {
            jtag_proxy_error(result,JTAG_COMMAND_CHAIN,chain);
            err = result;
        }
    }
```

```
        break;
    default:
        error("jtag_set_chain called with no connection!");
        break;
    }
#ifdef DEBUG_JTAG
    printf_unfiltered ("! set chain\n");
    fflush (stdout);
#endif
}
```

其中的 jtag_send_proxy(JTAG_COMMAND_CHAIN,chain)就是通过 socket 发送命令的函数。现在已经知道整个过程需要使用的函数了,下面再来分析一下对 OR1200 的 SPR 的读/写、Wishbone 地址空间的单字读/写功能的实现过程,它们的代码如下:

```
/* Sets SPR register regno to data */
void
or1k_write_spr_reg (regno, data)
     unsigned int regno;
     unsigned int data;
{
  or1k_set_chain (SC_RISC_DEBUG);
  or1k_write_reg (regno, (ULONGEST)data);
  if (regno == PC_SPRNUM) {
    hit_breakpoint = 0;
    step_link_insn = 0;
    new_pc_set = 1;
  }
}

/* Reads register SPR from regno */

unsigned int
or1k_read_spr_reg (regno)
     unsigned int regno;
{
  or1k_set_chain (SC_RISC_DEBUG);
  return or1k_read_reg (regno);
}

/* Sets mem to data */
```

```c
void
or1k_write_mem (addr, data)
    unsigned int addr;
    unsigned int data;
{
  or1k_set_chain (SC_Wishbone);
  or1k_write_reg (addr, (ULONGEST)data);
}

/* Reads register SPR from regno */

unsigned int
or1k_read_mem (addr)
    unsigned int addr;
{
  or1k_set_chain (SC_Wishbone);
  return or1k_read_reg (addr);
}
```

Wishbone 地址空间的块读/写功能比较复杂,它们直接调用 jtag.c 中的函数:

```c
int or1k_load_block(CORE_ADDR addr,void * buffer,int nRegisters)
{
  int i = 0;
  unsigned int regno = addr;
  if (current_or1k_target != NULL && current_or1k_target -> to_read_block != NULL)
    return current_or1k_target -> to_read_block (regno,buffer,nRegisters);
  else
    for(i = 0;i < nRegisters;i++)
      ((unsigned long *)buffer)[i] = 0x1234;
  return 0;
}

int or1k_store_block(CORE_ADDR addr,void * buffer,int nRegisters)
{
  unsigned int regno = addr;
  if (current_or1k_target != NULL && current_or1k_target -> to_write_block != NULL)
    return current_or1k_target -> to_write_block (regno,buffer,nRegisters);
  return 0;
}
```

**开源软核处理器 OpenRisc 的 SOPC 设计**

## 6.5 使用 GDB 和 JTAG Server 进行 Debug 接口的调试

对 exp5 仿真过后的系统综合、布局布线和下载以后,就可以进行软件调试环境的建立了。首先打开 Linux 的虚拟机,在命令行下键入"jp1 abb2 9999",使用 9999 作为端口号,启动 JTAG Server。启动后的显示信息如下:

```
[root@localhost jtag]# jp1 abb2 9999
Connected to parallel port at 378
Dropping root privileges.
Read      npc = 0000000c ppc = 00000024 r1 = 00000005
Expected  npc = 0000000c ppc = 00000024 r1 = 00000005
Read      npc = 0000000c ppc = 00000024 r1 = 00000008
Expected  npc = 0000000c ppc = 00000024 r1 = 00000008
Read      npc = 00000024 ppc = 00000020 r1 = 0000000b
Expected  npc = 00000024 ppc = 00000020 r1 = 0000000b
Read      npc = 00000020 ppc = 0000001c r1 = 00000018
Expected  npc = 00000020 ppc = 0000001c r1 = 00000018
Read      npc = 0000001c ppc = 00000018 r1 = 00000031
Expected  npc = 0000001c ppc = 00000018 r1 = 00000031
Read      npc = 00000020 ppc = 0000001c r1 = 00000032
Expected  npc = 00000020 ppc = 0000001c r1 = 00000032
Read      npc = 00000010 ppc = 0000000c r1 = 00000063
Expected  npc = 00000010 ppc = 0000000c r1 = 00000063
Read      npc = 00000024 ppc = 00000020 r1 = 00000065
Expected  npc = 00000024 ppc = 00000020 r1 = 00000065
Read      npc = 0000000c ppc = 00000024 r1 = 000000c9
Expected  npc = 0000000c ppc = 00000024 r1 = 000000c9
result = 5eaddead
Dropping root privileges.
JTAG Proxy server started on port 9999
Press CTRL + c to exit.
```

然后使用"or32 – uclinux – gdb hello.or32"启动 GDB,使用"target jtag jtag://localhost:9999"(如果是 JTAG Server 运行在本机上,否则要使用 JTAG Server 所在的 IP)建立连接。以上步骤成功以后就可以使用标准的 GDB 命令进行调试了。

建立连接时打印的信息如下:

```
[root@localhost jtag]# or32-uclinux-gdb
GNU gdb 5.0
Copyright 2000 Free Software Foundation, Inc.
GDB is free software, covered by the GNU General Public License, and you are
welcome to change it and/or distribute copies of it under certain conditions.
Type "show copying" to see the conditions.
There is absolutely no warranty for GDB.   Type "show warranty" for details.
This GDB was configured as "--host=i686-pc-linux-gnu --target=or32-uclinux"...
(gdb) target jtag jtag://localhost:9999
Remote or1k debugging using jtag://localhost:9999
0xc in ?? ()
(gdb)
```

## 6.6 使用 DDD 进行可视化调试

GDB 虽然功能强大，但毕竟是命令行界面，不符合调试可视化的潮流，因此还需要一个可视化的调试工具。可视化的调试工具，其中最著名的是 DDD(Data Display Debugger)。它实际上只是一个图形界面外壳，需要与其他调试器配合才能工作，可以使用的调试器中最常用的还是 GDB。由于 DDD 仅仅是一个外壳，与目标体系结构没有关系，所以可以直接使用主机上自带的 DDD。可以使用以下命令来启动 DDD 和 GDB：

```
[root@localhost jtag]# ddd --debugger or32-uclinux-gdb
```

启动以后，在程序窗口的最下方是 GDB 的命令行，在这里可以使用 GDB 的所有命令，其中包括 target 和 load。load 完成以后，就可以使用 DDD 的菜单来运行、停止、单步、设置断点、观察变量了。图 6-27 显示进入 DDD 以后的界面，在这里查看变量和反汇编代码的情景。也

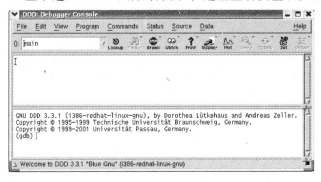

图 6-27　使用 DDD 调试 hello

可以使用 load 命令将程序下载到目标板中,"set ＄pc＝0xf0000100"用来复位 PC 指针,"stepi"用来进行单步调试,"c"用来运行程序。

由于 ROM 中已经有了上个实验的代码,所以可以运用"set ＄pc＝0xf0000100"命令来复位 PC 指针。运用"stepi"进行单步调试,可以看见每次系统 PC 指针的指向。如图 6-28 所示。输入"c",然后操作开发板上的按键可以得到相同结果。

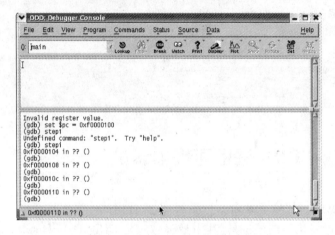

图 6-28　使用 DDD 调试 hello

# 第 7 章

# UART16550 内核的结构和使用

## 7.1 UART 的概念、功能和发展

通用异步收发器(Universal Asynchronous Receiver Transmitter,UART)是广泛使用的串行数据传输协议。它的功能是将并行的数据转变为串行的数据发送或者将接收的串行数据转变为并行数据。配合电平转换环节,UART 可以在较长的距离上实现全双工的串行通信。图 7-1 是两个并行总线系统使用 UART 进行长距离通信的框图。

图 7-1 UART 典型应用的框图

UART 产生于 20 世纪 70 年代,Intel8250 和 Intersil6402 是第一代产品,现代 CMOS 的标准 UART 中比较著名的是 16550 和 ZILOG8630。UART 的发展比较缓慢,制造讲究,因此其通用性好,多数产品的引脚、寄存器很少改变。

1981 年,IBM PC 机主板用 8250 UART 与 Modem 或串行打印机进行通信,由于 PC 机中 BIOS 包含对 8250 的支持,随着 PC 的成功和迅速普及,确定了 UART 的结构和特性。几年后,8250 的结构有所扩展、速率增加,其总线接口也有所改善,在此基础上出现了 16450 UART,它是 8250 的直接扩展。随着速度的提高,对 PC 机的 CPU 的占用越来越多,中断和软件响应时间明显不够,比如速率在 115 k 时,每字节近 100 μs,20 μs 的中断和 30 μs 的缓存,

需占用 50% 的 CPU 时间，这在实际应用中是难以接受的。

因此新一代 UART 中增加了硬件缓存，其代表性产品是 16550，在功能上比 8250 多 16 字节的接收、发送 FIFO，后来 FIFO 增加到 32 字节（16C650）和现在的 64 字节（16C750），因为 FIFO 总是最后服务，大容量的 FIFO 可减少返回次数和提高速度。新一代的 UART 将实现智能通信，目前已经开始在 PC 卡上出现。随着 VLSI 的出现，20 世纪 80 年代的 PC 中出现了集成的 I/O 处理器件，也就是通常所说的南桥芯片组，这类器件包括两个 UART，并行打印口和其他标准的 I/O，UART 的速率可达到 490k 甚至 920k。从内部结构看，它实际上是在 16550 的基础上增加了寄存器。虽然结构和实现的方法不同；但是从软件看，变化不大。

最新的集成 I/O 处理器件还带有 IrDA 功能，可用于 IR 串行通信。IrDA 最初用于掌上型设备，目前已在许多简单的无线接口设备（如打印机、付费电话等）中得到应用。尽管很多其他高速接口（如 USB、1394 等）已经出现，但标准的 UART 在相当长的时间里是不会从 PC 机中消失的。

PC 是 UART 的主要市场，但是在非 PC 系统中，一般其主要组成部分仍然是 PC，系统间的通信也由 PC 间接带动，而且要求 UART 与 PC 保持同步，因此，多数系统的 UART 都与 PC 的标准 UART 相同或者兼容。

对于小的非 PC 设备（如 Modem 等），UART 必须与无处不在的 PC 以及小的工业网络通信，早在 20 世纪 80 年代初期，全功能的微控制器（8051、68HC11、Z8 等）已内置 UART，这些内置 UART 可满足中低速的应用。通常这些微控制器内的 UART 不是标准 UART，而且往往只有串行发送和串行接收两个基本信号。随着嵌入式系统和 SoC 技术的发展，在嵌入式 CPU 上集成 UART 已经是一个普遍的做法。与微控制器情况类似，它们内部集成的 UART 也不是标准 UART，但是与标准 UART 的结构很相似，功能也更接近标准 UART。

在工业领域，UART 在各种现场总线出现之前一直是控制设备的标准配置。由于现场总线的成本较高，也没有形成世界范围内的统一标准，因此 UART 还将是未来产品的标准配置。

由于目前还存在大量的 UART 设备，而且还不断有新的 UART 设备出现，UART 还将在各类系统中存在很长时间，16550 作为 UART 的标准也将存在很长一段时间。

## 7.2　UART 的通信模式、数据格式和流控制

### 7.2.1　通信模式

UART 的通信模式分为 3 种：单工、半双工和全双工。
- 如果在通信过程的任意时刻，信息只能由一方 A 传到另一方 B，称为单工。
- 如果在通信过程的任意时刻，信息既可由 A 传到 B，又能由 B 传 A，但只能由一个方向

上的传输存在,称为半双工传输。
- 如果在通信过程的任意时刻,线路上存在 A 到 B 和 B 到 A 的双向信号传输,则称为全双工。

### 7.2.2 数据格式

所有的 UART 遵守相同的串行数据格式,如图 7-2 所示。在没有数据时,UART 的串行输出是高电平,每一次数据的发送都以一个时钟周期的低电平开始,这个低电平叫做起始位,而时钟叫做通信的波特率。在起始位之后就是连续的串行数据位。数据位的长短是可以变化的,一般是 5~9 位。数据位之后可以直接是停止位,也可以是一个时钟周期的校验位(校验位在图中没有画出来)。校验位可以是奇校验、偶校验。

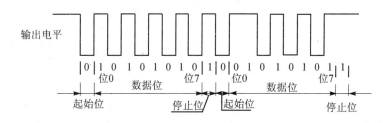

图 7-2 UART 的串行数据格式

采用奇校验时,传送的数据位和校验位中 1 的个数为奇数,如:
- 1(校验位)0110,0101(数据位);
- 0(校验位)0110,0001(数据位)。

采用偶校验时,传送的数据位和校验位中 1 的个数为偶数,如:
- 1(校验位)0100,0101(数据位);
- 0(校验位)0100,0001(数据位)。

校验位之后是高电平的停止位,用于指示一次发送数据的完毕。停止位一般是 1 位、1.5 位或 2 位。停止位发送结束以后,又可以通过设置起始位来开始新一轮发送。

### 7.2.3 流控制

数据在两个 UART 之间传输时,常常会出现丢失数据的现象,比如两台 PC 机的处理速度不同,或者 PC 机与微控制器之间的通信,接收端数据缓冲区已满,则此时继续发送来的数据就会丢失。特别是使用 PC 与 Modem 进行数据传输时,这个问题就尤为突出,流控制就是用于解决这个问题的。当接收端数据处理不过来时,就发出"不再接收"的信号,发送端则停止发送,直到收到"可以继续发送"的信号再发送数据。因此流控制可以控制数据传输进程,防止数据丢失。UART 常用的两种流控制是硬件流控制 RTS/CTS(请求发送/清除发送)、DTR/CTS(数据终端就绪/数据设置就绪)和软件流控制 XON/XOFF(继续/停止)。

使用 RTS/CTS 流控制时,应将通信两端的 RTS、CTS 线对应相连,如图 7-3 所示,数据终端设备(如 PC 机)使用 RTS 来启动数据通信设备(如 Modem)的数据流,而数据通信设备则用 CTS 来启动和暂停来自数据终端设备的数据流。

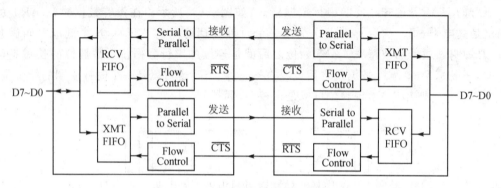

图 7-3 RTS/CTS 流控制的连线方式

这种硬件握手方式的过程为:在编程时,根据接收端缓冲区大小设置一个高位标志(通常为缓冲区大小的 75%)和一个低位标志(通常为缓冲区大小的 25%),当缓冲区内数据量达到高位时,在接收端将 CTS 线置为高电平,当发送端的程序检测到 CTS 为高电平后,就停止发送数据,直到接收端缓冲区的数据量低于低位而将 CTS 置为高电平。过程如图 7-4 和图 7-5 所示。RTS 则用来标明接收设备有没有准备好接收数据。

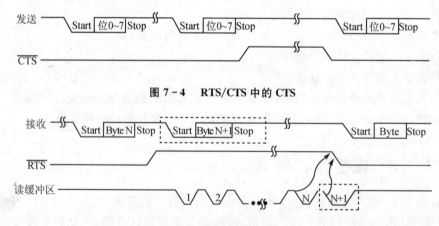

图 7-4 RTS/CTS 中的 CTS

图 7-5 RTS/CTS 中的 RTS

常用的流控制还有 DTR/DSR,虽然使用的信号不同,但是基本原理和思想是一样的。软件流控制一般通过 XON/XOFF 来实现。常用方法是：当接收端的输入缓冲区内数据量超过设定的高位时，就向数据发送端发出 XOFF 字符（十进制的19），发送端收到 XOFF 字符后就立即停止发送数据；当接收端的输入缓冲区内数据量低于设定的低位时，就向数据发送端发出 XON 字符（十进制的17），发送端收到 XON 字符后就立即开始发送数据。显然，若传输的是二进制数据，标志字符也有可能在数据流中出现而引起误操作，这是软件流控制的缺陷，而硬件流控制不会有这个问题。

## 7.3 工业标准 UART 16550

16550 是实际上的工业标准 UART，它分为 A、B、C、D 共 4 种型号，其中以 16550C 应用最为广泛。下面就以 16550C 为例进行介绍。

### 7.3.1 特 性

16550C 的特性如下：
- 可编程 5、6、7 或 8 个数据位，奇、偶或无校验，1、1.5、2 个停止位；
- 可编程的自动 RTS、CTS 流控制模式；
- 软件与 16450 完全兼容，复位时寄存器与 16450 设置相同；
- 可编程波特率发生器；
- 可以使用独立的输入时钟；
- 可独立控制的发送、接收、在线状态和数据中断；
- 完整的状态报告能力；
- 掉线信号产生和检测功能；
- 自循环和内部的错误模拟功能；
- Modem 控制功能（CTS、RTS、DSR、DTR、RI 和 DCD 信号）。

### 7.3.2 接口和结构

16550C 的结构如图 7-6 所示。除了电源和地以外，左边的信号是并行总线、晶振和工作模式设置信号。这些信号对我们来说不是很重要，因此不在这里介绍。右边的信号除了中断输出 INTRPT 和用户定义输出 OUT1、OUT2 以外，都是串行接口信号。各个信号的功能如表 7-1 所列。

# 开源软核处理器 OpenRisc 的 SOPC 设计

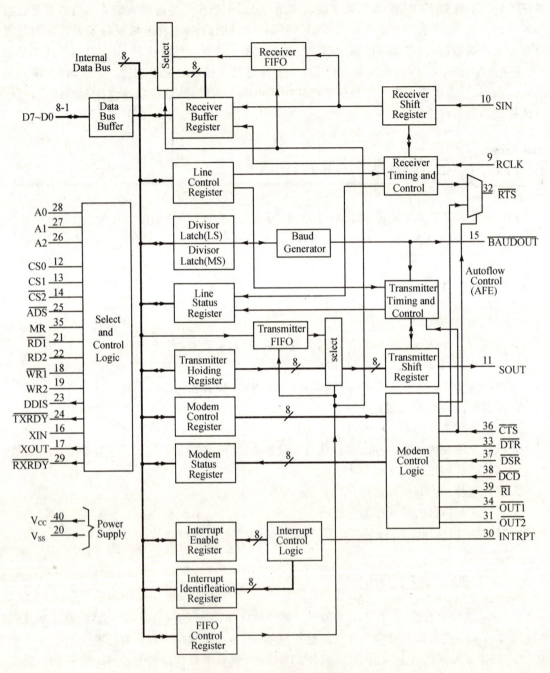

图 7-6　16550 的内部结构

表 7-1  16550C 的串行接口信号

| 信 号 | 功 能 | 信 号 | 功 能 |
|---|---|---|---|
| SIN | 串行数据输入 | SOUT | 串行数据输出 |
| RCLK | 外部输入时钟 | DSR | 数据设置就绪 |
| RTS | 请求发送 | DTR | 数据终端就绪 |
| CTS | 清除发送 | DCD | 数据载波指示 |
| BAUDOUT | 波特率输出 | RI | 振铃指示 |

### 7.3.3 寄存器

表 7-2 为 16550C 的寄存器列表。

表 7-2  16550C 的寄存器列表

| 名 称 | 地 址 | 宽度/位 | 访 问 | 描 述 |
|---|---|---|---|---|
| DLAB=0,RBR | 0 | 8 | 只读 | 接收缓冲 |
| DLAB=0,THR | 0 | 8 | 只写 | 发送保持 |
| DLAB=1,DLL | 0 | 8 | 读写 | 波特率因子低字节 |
| DLAB=0,IER | 1 | 8 | 读写 | 中断控制 |
| DLAB=1,DLM | 1 | 8 | 读写 | 波特率因子高字节 |
| IIR | 2 | 8 | 只读 | 中断标志 |
| FCR | 2 | 8 | 只写 | FIFO 控制 |
| LCR | 3 | 8 | 读写 | 线控制 |
| MCR | 4 | 8 | 只写 | Modem 控制 |
| LSR | 5 | 8 | 只读 | 线状态 |
| MSR | 6 | 8 | 只读 | Modem 状态 |

RBR、THR、DLL、IER、DLM 这 5 个寄存器由 DLAB 位决定哪个可以被访问。DLL 和 DLM 组成 16 位的波特率因子寄存器,RBR 和 THR 分别是接收 FIFO 的出口和发送 FIFO 的入口,IER 用于实现中断使能等控制。各个位的功能如表 7-3 所列。IIR 的功能是显示当前中断的状态,各个位的功能如表 7-4 所列。FCR 用于控制 FIFO,各个位的功能如表 7-5 所列。LCR 控制特性的基本协议,各个位的功能如表 7-6 所列。MCR 用于控制 Modem 信号,各个位的功能如表 7-7 所列。LSR 用于指示发送和接收的状态,各个位的功能如表 7-8

所列。MSR 寄存器用于显示 Modem 信号的状态,各个位的功能如表 7-9 所列。

表 7-3　16550C 的 IER

| 位 | 访问 | 描述 |
| --- | --- | --- |
| 0 | 读写 | 接收中断使能控制:0——禁止;1——使能 |
| 1 | 读写 | THR 寄存器空中断使能控制:0——禁止;1——使能 |
| 2 | 读写 | 接收线路状态中断使能控制:0——禁止;1——使能 |
| 3 | 读写 | Modem 状态中断使能控制:0——禁止;1——使能 |
| 4~7 | 读写 | 保留 |

表 7-4　16550C 的 IIR

| 位 | 访问 | 描述 |
| --- | --- | --- |
| 0 | 只读 | 0——有中断;1——没有中断 |
| 1~3 | 只读 | 中断 ID:011——接收线状态;010——接收数据准备好;110——字符超时;001——THR 空;000——Modem 状态 |
| 4 | 只读 | 固定值 0 |
| 5 | 只读 | 固定值 0 |
| 6 | 只读 | 1——启用了 FIFO;0——没有启用 |
| 7 | 只读 | 1——启用了 FIFO;0——没有启用 |

表 7-5　16550C 的 FCR

| 位 | 访问 | 描述 |
| --- | --- | --- |
| 0 | 只写 | 0——不启用 FIFO;1——启用 FIFO |
| 1 | 只写 | 写 1 以清除接收 FIFO |
| 2 | 只写 | 写 1 以清除发送 FIFO |
| 3 | 只写 | 复位 RXRDY 和 TXRDY 信号 |
| 4~5 | | 保留 |
| 6~7 | 只写 | 定义 FIFO 大小:00——1 字节;01——4 字节;10——8 字节;11——14 字节 |

表 7-6　16550C 的 LCR

| 位 | 访问 | 描述 |
| --- | --- | --- |
| 0~1 | 读写 | 数据位长度:00——5 位;01——6 位;10——7 位;11——8 位 |
| 2 | 读写 | 停止位长度:0——1 个停止位;1——5 位数据位时使用 1.5 个停止位,其他使用 2 个停止位 |
| 3 | 读写 | 校验位:0——无校验;1——有校验 |
| 4 | 读写 | 校验类型位:0——奇校验;1——偶校验 |
| 5 | 读写 | 粘附奇偶检查位:0——禁止粘附奇偶检查位;1——使能粘附奇偶检查位 |
| 6 | 读写 | 间断控制位:1——串行输出固定在逻辑 0;0——不使用间断 |
| 7 | 读写 | DLAB:1——访问波特率因子寄存器;0——访问正常寄存器 |

表 7-7　16550C 的 MCR

| 位 | 访问 | 描述 |
|---|---|---|
| 0 | 只写 | DTR 信号控制：<br>0——DTR 是 1。<br>1——DTR 是 0 |
| 1 | 只写 | RTS 信号控制：<br>0——RTS 是 1。<br>1——RTS 是 0 |
| 2 | 只写 | OUT1 控制。在 Loopback 模式时连接到 RI 信号输入 |
| 3 | 只写 | OUT2 控制。在 Loopback 模式时连接到 DCD 信号输入 |
| 4 | 只写 | Loopback 模式：<br>0——正常工作模式。<br>1——Loopback 模式。此时，SOUT 保持逻辑 1。发送移位寄存器的输出与接收移位寄存器的输入在内部连接。<br>以下信号：DTR 与 DSR、RTS 与 CTS、OUT1 与 RI、OUT2 与 DCD 也在内部连接 |
| 5 | 只写 | 自动流控制使能：<br>0——不使用自动模式。<br>1——MCR1=0 时，只使用 CTS 自动模式；MCR1=1 时，使用 CTS 自动模式和 RTS 自动模式 |
| 6~7 |  | 保留 |

表 7-8　16550C 的 LSR

| 位 | 访问 | 描述 |
|---|---|---|
| 0 | 只读 | 接收数据标志：<br>0——接收 FIFO 空。<br>1——接收 FIFO 不空 |
| 1 | 只读 | 接收 FIFO 溢出标志：<br>1——FIFO 满并且接收移位寄存器正在接收新数据，读 LSR 以后自动清除该位。<br>0——没有接收 FIFO 溢出 |
| 2 | 只读 | 校验错误标志：<br>1——FIFO 顶部的字节有校验错误，读 LSR 以后自动清除该位。<br>0——当前字节没有校验错误 |

续表 7-8

| 位 | 访问 | 描述 |
| --- | --- | --- |
| 3 | 只读 | 帧错误标志：<br>1——FIFO 顶部的字节有帧错误，读 LSR 以后自动清除该位。<br>0——当前字节没有帧错误 |
| 4 | 只读 | 间断中断标志：<br>1——当前字节有间断错误。当串行接收信号保持一段时间的逻辑 0 时，认为发生间断错误。此时，一个 0 字节进入 FIFO。读 LSR 以后自动清除该位。<br>0——当前字节没有间断错误 |
| 5 | 只读 | 发送 FIFO 空标志：<br>1——THR 变为空，但是发送移位寄存器不为空，产生了 THR 空中断。向发送 FIFO 写入数据后自动清除该位。<br>0——其他情况 |
| 6 | 只读 | 发送数据空标志：<br>1——THR 和发送移位寄存器都变为空，产生了 THR 空中断。向发送 FIFO 写入数据后自动清除该位。<br>0——其他情况 |
| 7 | 只读 | 1——FIFO 模式时，至少有一个检验错误、帧错误或者间断发生。读 LSR 以后自动清除该位。<br>0——其他情况 |

表 7-9  16550C 的 MSR

| 位 | 访问 | 描述 |
| --- | --- | --- |
| 0 | 只读 | CTS 变化标志：1——CTS 发生了变化 |
| 1 | 只读 | DSR 变化标志：1——DSR 发生了变化 |
| 2 | 只读 | RI 变化标志：RI 信号由低变为高 |
| 3 | 只读 | DCD 变化标志：1——DCD 发生了变化 |
| 4 | 只读 | CTS 信号的输入，在 Loopback 模式与 RTS 位相同 |
| 5 | 只读 | DSR 信号的输入，在 Loopback 模式与 DTR 位相同 |
| 6 | 只读 | RI 信号的输入，在 Loopback 模式与 OUT1 位相同 |
| 7 | 只读 | DCD 信号的输入，在 Loopback 模式与 OUT2 位相同 |

## 7.4 兼容 16550 的 UART IP Core

### 1. 概　述

OpenCores 的 UART16550 IP Core 基本实现了与 16550C 功能和寄存器级别的兼容，不同之处如下：

- 使用 Wishbone 并行总线，可以设置为 8 位总线模式，也可以设置为 32 位总线；
- 使用 32 位 Wishbone 总线时还有额外的 2 个调试寄存器；
- 只支持 FIFO 模式；
- 与 NS16550C 兼容，但不兼容 16450 部分；
- 不支持 RCLK，OUT1、OUT2 信号只在 Loopback 模式中支持；
- 从串行接口信号和寄存器上说，除了不支持非 FIFO 模式以外，与 16552 和 16554 是完全一致的。

### 2. 寄存器

由于只支持 FIFO 模式，因此 FCR 的 0 位将被忽略。针对 Wishbone 总线的情况，FCR 的第 3 位也被忽略。额外添加的 2 个 32 位调试寄存器只能用于调试目的，它们都是只读的，并且对它们的访问不对内部工作状态产生任何影响。它们的定义如表 7-10 和表 7-11 所列。

表 7-10　UART16550 IP 的调试寄存器 1 的定义

| 位 | 访问 | 描述 |
| --- | --- | --- |
| 7～0 | 只读 | LSR 值 |
| 11～8 | 只读 | IER 的 0～3 位的值 |
| 15～12 | 只读 | IIR 的 0～3 位的值 |
| 23～16 | 只读 | LCR 值 |
| 31～24 | 只读 | MSR 值 |

表 7-11　UART16550 IP 的调试寄存器 2 的定义

| 位 | 访问 | 描述 |
| --- | --- | --- |
| 2～0 | 只读 | 发送状态机 |
| 7～3 | 只读 | 发送 FIFO 内的字符数 |
| 11～8 | 只读 | 接收状态机 |
| 16～12 | 只读 | 接收 FIFO 内的字符数 |
| 18～17 | 只读 | IIR 的 0～4 位的值 |
| 23～19 | 只读 | FCR 的 6～7 位的值 |
| 31～24 | 只读 | 保留 |

### 3. I/O 端口

UART16550 IP 的 I/O 端口信号分为 3 类：Wishbone 总线信号、中断和串行接口信号，分别如表 7-12、表 7-13、表 7-14 所列。

# 开源软核处理器 OpenRisc 的 SOPC 设计

表 7-12　UART16550 IP 的 Wishbone 接口信号

| 信号 | 宽度/位 | 方向 | 描述 |
|---|---|---|---|
| CLK | 1 | Input | 时钟：既是 Wishbone 时钟，又是波特率基准时钟 |
| WB_RST_I | 1 | Input | 异步复位 |
| WB_ADDR_I | 5 或 3 | Input | 地址总线 |
| WB_SEL_I | 4 | Input | 选择信号 |
| WB_DAT_I | 32 或 8 | Input | 数据输入 |
| WB_DAT_O | 32 或 8 | Output | 数据输出 |
| WB_WE_I | 1 | Input | 写使能信号 |
| WB_STB_I | 1 | Input | 选通信号 |
| WB_CYC_I | 1 | Input | 循环信号 |
| WB_ACK_O | 1 | Output | 应答信号 |

表 7-13　UART16550 IP 的中断信号

| 信号 | 宽度/位 | 方向 | 描述 |
|---|---|---|---|
| INT_O | 1 | 输出 | 中断输出 |

表 7-14　UART16550 IP 的串行接口信号

| 信号 | 宽度/位 | 方向 | 描述 |
|---|---|---|---|
| STX_PAD_O | 1 | 输出 | 串行数据输出 |
| SRX_PAD_I | 1 | 输入 | 串行数据输入 |
| RTS_PAD_O | 1 | 输出 | 请求发送 |
| DTR_PAD_O | 1 | 输出 | 数据终端就绪 |
| CTS_PAD_I | 1 | 输入 | 清除发送 |
| DSR_PAD_I | 1 | 输入 | 数据设置就绪 |
| RI_PAD_I | 1 | 输入 | 振铃指示 |
| DCD_PAD_I | 1 | 输入 | 数据载波指示 |
| BAUD_O | 1 | 输出 | 波特率输出 |

## 7.5　OR1200 的异常和外部中断处理

前边已经介绍了 OR1200 的复位异常向量的地址是 0x100，下面介绍其他异常的触发条件和处理向量的地址。OR1200 的异常向量如表 7-15 所列。

表 7-15　OR1200 的异常向量

| 异常类型 | 向量偏移量 | 触发条件 |
|---|---|---|
| 复位 | 0x100 | 软件或者硬件复位 |
| 总线错误 | 0x200 | 总线错误或者访问了无效地址 |
| 数据页错误 | 0x300 | 在页表中没有合适的 PTE 或者 Load/Store 指令发生页保护问题 |
| 指令页错误 | 0x400 | 在页表中没有合适的 PTE 或者指令预取发生页保护问题 |
| 滴答定时器 | 0x500 | 滴答定时器产生中断 |
| 对齐 | 0x600 | Load/Store 指令访问非对齐地址 |
| 非法指令 | 0x700 | 指令流中有非法指令 |
| 外部中断 | 0x800 | 外部产生中断 |

续表 7-15

| 异常类型 | 向量偏移量 | 触发条件 |
|---|---|---|
| 数据页遗漏 | 0x900 | 数据页遗漏 |
| 指令页遗漏 | 0xA00 | 指令页遗漏 |
| 越界 | 0xB00 | 如果 SR 寄存器被编程,SR[OV]标志会产生这个异常。对于配置的通用寄存器少于 32 个的系统,访问未实现的通用寄存器。当由于需要处理下一个异常而致使 SR[CID]越界 |
| 系统调用 | 0xC00 | 软件的系统调用指令 |
| 保留 | 0xD00 | 为未来发展保留 |
| 陷阱 | 0xE00 | l.trap 指令或者调试单元 |
| 保留 | 0xF00 | 为未来发展保留 |
| 保留 | 0x1000~0x1800 | 为特殊的实现特定异常保留 |
| 保留 | 0x1900~0x1F00 | 为用户自定义保留 |

要实现一个外部中断的处理,还需要打开 SR(管理寄存器,属于 SPR,地址是 0x17)寄存器的对应位和 PICMR(可编程中断处理器掩码寄存器,属于 SPR,地址是 0x4800)。SR 的定义如表 7-16 和表 7-17 所列。

表 7-16  OR1200 的 SR 位域

| 位 | 31~28 | | | | 27~17 | | | | 16 |
|---|---|---|---|---|---|---|---|---|---|
| 标记 | CID | | | | 保留 | | | | SUMRA |
| 复位值 | 0 | | | | 0 | | | | 0 |
| 访问 | 读写 | | | | 只读 | | | | 读写 |
| 位 | 15 | 14 | 13 | 12 | 11 | 10 | 9 | | 8 |
| 标记 | FO | EPH | DSX | OVE | OV | CY | F | | CE |
| 复位值 | 1 | 0 | 0 | 0 | 0 | 0 | 0 | | 0 |
| 访问 | 读写 | 读写 | 读写 | 读写 | 读写 | 读写 | 读写 | | 读写 |
| 位 | 7 | 6 | 5 | 4 | 3 | 2 | 1 | | 0 |
| 标记 | LEE | IME | DME | ICE | DCE | IEE | TEE | | SM |
| 复位值 | 0 | 0 | 0 | 0 | 0 | 0 | 0 | | 1 |
| 访问 | 读写 | 读写 | 读写 | 读写 | 读写 | 读写 | 读写 | | 读写 |

表 7-17　OR1200 的 SR 寄存器功能

| 标记 | 描述 |
|---|---|
| SM | 超级用户模式；0——处理器处于用户模式；1——处理器处于超级用户模式 |
| TEE | 滴答定时器异常使能；0——滴答定时器异常禁止；1——滴答定时器异常使能 |
| IEE | 中断异常使能；0——中断异常禁止；1——中断异常使能 |
| DCE | 数据缓存异常使能；0——数据缓存异常禁止；1——数据缓存异常使能 |
| ICE | 指令缓存异常使能；0——指令缓存异常禁止；1——指令缓存异常使能 |
| DME | 数据 MMU 异常使能；0——数据 MMU 异常禁止；1——数据 MMU 异常使能 |
| IME | 指令 MMU 异常使能；0——指令 MMU 异常禁止；1——指令 MMU 异常使能 |
| LEE | 小端模式使能；0——小端模式禁止；1——小端模式使能 |
| CE | CID 使能；0——CID 和影子寄存器禁止；1——CID 和影子寄存器使能 |
| F | 条件跳转标志；0——由 sfXX 指令清除的条件跳转标志；1——由 sfXX 指令设置的条件跳转标志 |
| CY | 进位标志；0——最近一条指令没有产生进位；1——最近一条指令产生进位 |
| OV | 溢出标志；0——最近一条指令没有产生溢出；1——最近一条指令产生溢出 |
| OVE | 溢出标志异常；0——溢出标志没有造成异常；1——溢出标志造成异常 |
| DSX | 延迟槽异常；0——EPCR 的指令指针不在延迟槽内；1——EPCR 的指令指针在延迟槽内 |
| EPH | 异常向量前缀；0——异常向量位于存储器的 0x0 地址；1——异常向量位于存储器的 0xF0000000 地址 |
| FO | 固定位；固定为 1 |
| SUMRA | 特殊功能寄存器可读访问；0——所有的特殊功能寄存器在用户模式都可读；1——只有某些特殊功能寄存器在用户模式可读 |
| CID | 上下文 ID(可选)；0——15 个当前处理器上下文 |

　　PICMR 的低 20 位对应 OR1200 的 20 个中断输入，当某位是 1 时，对应中断才会被处理。PICSR(可编程中断处理器状态寄存器，属于 SPR,地址是 0x4802)则显示当前发生的是哪个中断，它的低 20 位对应 OR1200 的 20 个中断输入，当某位是 1 时，表明对应中断发生了。

　　因此，要实现对一个外部中断的处理，首先要打开 SR 的 IEE 位，然后打开 PICMR 的对应位。在中断处理程序中，要读 PICSR 来判断发生的是哪个中断。

## 7.6 集成带有 UART 的系统

由于 UP-SOPC2000 嵌入式开发板上的串口只有串行接收和串行发送 2 个信号线,因此,只进行最基本的、不带流控制和 Modem 控制的串口控制实验。

### 7.6.1 集 成

如果要新建一个名为 ar2000_uart 的工程,那么按照以前的代码组织结构,需要在里面新建一个顶层例化文件 ar2000_uart.v,以及新建一个系统结构文件 system_uart.v。

修改 system_uart.v 文件,添加一个输入端口、一个输出端口,添加 20 位的内部信号作为 OR1200 的中断输入,添加 UART 的 Wishbone 总线接口与 Wishbone 互连 IP 连接所需要的一组信号。例化 UART 的顶层设计 uart_top,使用新添加的 Wishbone 接口信号与 Wishbone 接口相连接,stx_pad_o 和 srx_pad_i 与新添加的输入、输出端口相连,Modem 的输入信号用 1'b0 驱动,输出信号不连任何信号,baud_o 信号也不连任何信号,中断输出驱动新添加的 OR1200 的中断输入信号的第 3 位。OR1200 的中断输入的其他 19 位规定为 0,新添加 Wishbone 接口信号与 Wishbone 互连的第 3 个从设备相连。

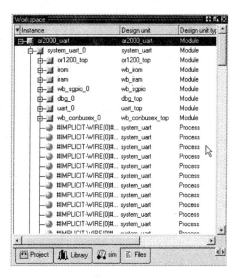

修改 ar2000_uart.v,在 ar2000_uart 的例化中,添加 ar2000_uart 新添加的端口,并且与 sp_txd、sp_rxd 相连。集成 UART 的系统结构如图 7-7 所示。

图 7-7 集成 UART 的系统结构

### 7.6.2 编 程

通信协议的要求是:8 个数据位,1 个停止位,无校验,波特率 38 400。需要实现的目标是首先通过 UART 发送"Hello World!",然后将所有接收的字符再原封不动地发回去。

根据 ORP 和实际系统,UART 模块的基地址是 0x91000000。程序需要首先设置 UART 的寄存器,然后将"Hello World!"填入 UART 的发送缓冲,打开发送和接收中断。由于在这里只可能有一个外部中断,所以在中断处理中不判断中断源,直接进行处理。处理过程是判断当前是 UART 的发送中断还是接收中断,如果是发送中断则直接返回,如果是接收中断则读取接收的字符，然后写到发送缓冲区中。

由于程序较为复杂，给出了参考程序，如下：

```
        .section .vectors,"ax"
        .org 0x100
_reset:
        # 设置 UART 寄存器
        l.andi  r1,r1,0x0
        l.movhi r1,0x9000

        l.andi  r2,r2,0x0
        l.ori   r2,r2,0x00c0
        l.sb    2(r1),r2        # UART_FCR

        l.andi  r2,r2,0x0
        l.ori   r2,r2,0x0003
        l.sb    1(r1),r2        # UART_IER

        l.ori   r2,r2,0x0003
        l.sb    3(r1),r2        # UART_LCR
        l.ori   r2,r2,0x0080
        l.sb    3(r1),r2        # UART_LCR

        l.andi  r2,r2,0x0
        l.sb    1(r1),r2        # UART_DLM
        l.ori   r2,r2,0x003c
        l.sb    0(r1),r2        # UART_DLL

        l.andi  r2,r2,0x0
        l.ori   r2,r2,0x0003
        l.sb    3(r1),r2        # UART_LCR

        # 输出 "Hello World!"
        l.andi  r2,r2,0x0
        l.ori   r2,r2,0x0048
        l.sb    0(r1),r2
        l.andi  r2,r2,0x0000
        l.ori   r2,r2,0x0065
        l.sb    0(r1),r2
        l.andi  r2,r2,0x0000
        l.ori   r2,r2,0x006c
        l.sb    0(r1),r2
        l.andi  r2,r2,0x0000
        l.ori   r2,r2,0x006c
        l.sb    0(r1),r2
```

```
        l.andi   r2,r2,0x0000
        l.ori    r2,r2,0x006f
        l.sb     0(r1),r2
        l.andi   r2,r2,0x0000
        l.ori    r2,r2,0x0020
        l.sb     0(r1),r2
        l.andi   r2,r2,0x0000
        l.ori    r2,r2,0x0057
        l.sb     0(r1),r2
        l.andi   r2,r2,0x0000
        l.ori    r2,r2,0x006f
        l.sb     0(r1),r2
        l.andi   r2,r2,0x0000
        l.ori    r2,r2,0x0072
        l.sb     0(r1),r2
        l.andi   r2,r2,0x0000
        l.ori    r2,r2,0x006c
        l.sb     0(r1),r2
        l.andi   r2,r2,0x0000
        l.ori    r2,r2,0x0064
        l.sb     0(r1),r2
        l.andi   r2,r2,0x0000
        l.ori    r2,r2,0x0021
        l.sb     0(r1),r2
        *
        *
        *
        *
.intret:
        l.rfe
        l.nop
```

\*\*\*\*\*\*\*\*\*\*\*\*\*\*\*\*\*\*\*\*\*\*\*\*\*\*\*\*\*\*\*\*\*\*\* 程序不完整,仅供参考 \*\*\*\*\*\*\*\*\*\*\*\*\*\*\*\*\*\*\*\*\*\*\*\*\*\*\*\*\*\*\*\*\*

## 7.7 仿真带有 UART 的系统

将上面的文件在 Linux 下面编译生成 wb_irom.v,将 ar2000_uart_bench.v 加入工程。在 beach 中直接将输出接到输入上面"assign serial_RXD1 = serial_TXD1",编译通过以后,设为顶层,如图 7-8 所示。新建一个波形文件,添加如图 7-9 所示的信号,包括 UART 的发送和

# 开源软核处理器 OpenRisc 的 SOPC 设计

接收的两个 FIFO 的 mem,将仿真时间设为 3 ms。仿真结束后会得到图 7-9 所示的波形。

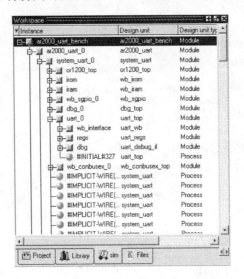

图 7-8　集成 UART、BEACH 的系统仿真顶层波形

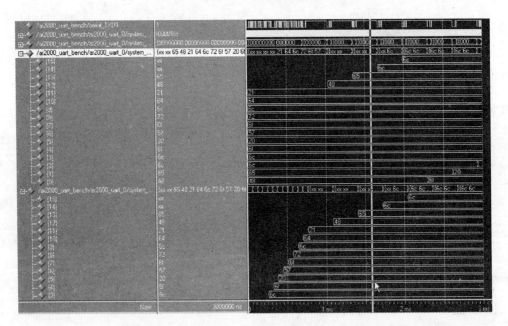

图 7-9　集成 UART 的系统仿真总体波形

图 7-9 中,第 1 ms 附近,第 1 次几个字母全部发送完成,然后再将收到的数据一个一个发出去,再接收到自己的 FIFO 中。

## 7.8 验证带有 UART 的系统

对系统进行综合、布局布线、下载后,打开 Windows 的超级终端,名称填写 com1-115200,使用 COM1,8 个数据位,一个停止位无校验和流控制。过程如图 7-10～图 7-13 所示。

建立完毕以后,连接开发板的硬件,下载。下载完成后可以发现超级终端打印出"Hello World!"的字样,在超级终端里输入各种字符,看看超级终端会如何显示。

图 7-10 新建一个超级终端

图 7-11 选择 COM1

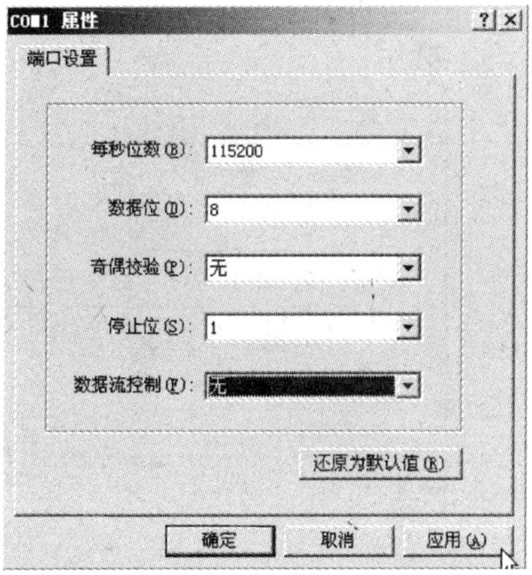

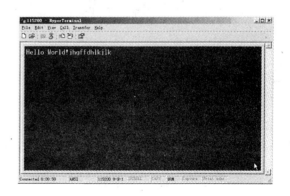

图 7-12 设置 COM1

图 7-13 UART 验证

# 第 8 章

# SDRAM 的时序和控制器

## 8.1 SRAM 与 DRAM

### 8.1.1 SRAM

静态随机存储器 SRAM 是 Static RAM 的简称,基本存储单元是组成存储器的基础和核心,它可以用来存储一位二进制信息 0 或 1。一个 SRAM 的基本存储单元通常由 4~6 只晶体管组成的双稳态电路构成,基本存储单元的结构如图 8-1 所示。

☞ **注意**:图 8-1 中,T7、T8 不是基本存储单元的一部分。

T1、T2 为 MOS 管触发器,能稳定地记忆二进制信息。通过 X、Y 译码选择信号,控制 T5、T6、T7、T8 管导通,可将所存信号读出,或写入新的信息。

通常,一片 SRAM 必须包括的信号有:
➢ CS:片选;
➢ OE:输出使能,即读控制信号;
➢ WE:写使能,即写控制信号;
➢ Dx:数据总线,x 取值 0 至某一个数值,数据总线的宽度又叫做 SRAM 的宽度;

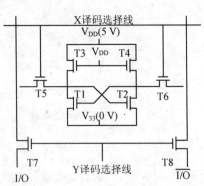

图 8-1 SRAM 基本存储单元

➤ Ax：地址总线，x 取值 0 至某一个数值，地址总线的宽度又叫做 SRAM 的深度。

SRAM 芯片由存储单元阵列、行地址控制器、列地址控制器和数据总线控制器 4 部分组成，原理框图如图 8-2 所示。外部地址输入分别接到行地址控制器和列地址控制器，行地址控制器和列地址控制器对地址进行译码和驱动，产生图 8-1 中的 X、Y 译码选择信号。数据和读/写、片选信号接到数据总线控制器，数据总线控制器对读/写、片选信号进行译码，控制具体的基本存储单元。

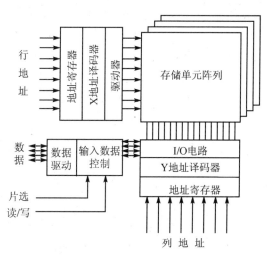

图 8-2 SRAM 的结构

SRAM 的读取操作分为如下 4 步：
① 通过地址总线把要读取的数据的地址传送到地址引脚；
② 激活 CS 引脚，选择 SRAM 芯片；
③ 激活 OE 引脚，通知 SRAM 是读取操作；
④ 要读取的数据出现在数据总线，主控设备读取数据总线。

SRAM 写入操作分为如下 4 步：
① 通过地址总线确定要写入信息的位置；
② 通过数据总线将要写入的数据传输到 Dx 引脚；
③ 激活 CS 引脚，选择 SRAM 芯片；
④ 激活 WE 引脚，通知 SRAM 是写入操作。

 ### 8.1.2　IS61LV25616

本书使用的开发板上的两片 SRAM 是 ISSI 公司的 IS61LV25616，这是一种 3.3 V 电压，

开源软核处理器 OpenRisc 的 SOPC 设计

256K 位×16 位的高速 SRAM。它数据总线宽度是 16 位,存储位深度是 256K 位,总存储容量是 4M 位。IS61LV25616 有 10 ns 和 12 ns 两种型号,它们表示读/写访问的最小周期,比如 10 ns 的芯片可以在 10 ns 内完成一次读或写操作。IS61LV25616 有多种封装形式,开发板上使用的是 TSOP 封装的,引脚排列如图 8-3 所示。除了片选、输出使能、写使能、数据总线、地址总线外,IS61LV25616 还有两个信号:LB 和 UB,用于选择操作有效范围,LB 控制低 8 位,UB 控制高 8 位。当 LB 或者 UB 有效时,对应位才能进行访问。

开发板上有 2 片 IS61LV25616,它们使用共同的地址、片选、和读/写信号,因此共同组成一个 1 MB (8M位),32 位数据宽度的存储系统。

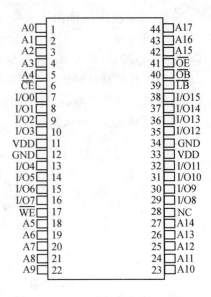

图 8-3 IS61LV25616 的引脚排列

###  8.1.3 DRAM

动态随机存储器 DRAM 是 Dynamic RAM 的简称。DRAM 的基本存储单元分为四管型和单管型 2 种,其中单管型应用广泛。单管型 DRAM 基本存储单元的结构如图 8-4 所示。

DRAM 基本存储单元是靠栅极电容存储信息的,由于电容会漏电,所以需定期进行刷新,维持原有信息。DRAM 刷新的方法是定时重复地对 DRAM 进行读出和再写入,以使电容泄放的电荷得到补充。DRAM 刷新的特点是:

- 保证在 2 ms 内 DRAM 所有行都能遍访一次;
- 刷新地址通常由专门的刷新地址计数器产生;
- 刷新地址只需行地址而不需要列地址;
- 刷新操作时,存储器芯片的数据线呈高阻状态。

在实际电流中,DRAM 刷新方法有两种:一种是利用专门 DRAM 控制器来实现刷新控制,如 Intel8203 就是专门为了 2117/2118/2164 DRAM 刷新的 DRAM 控制器;另一种是在每一个 DRAM 芯片上集成逻辑电路,使存储器件自身完成刷新,这种器件称为综合型 DRAM,对于用户而言,工作起来与静态 RAM 相同,如 Intel2186/2187。

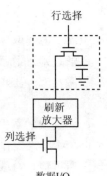

图 8-4 DRAM 基本存储单元

在外部电路接口上,DRAM 的地址线采用行地址和列地址复用的方法,因此与 SRAM 相比,多了行地址选通 RAS 和列地址选通 CAS 两个信号。CAS 还代替了 OE 信号的功能,因此没有专门的 OE 信号。除此之外,其他信号基本一致。

在结构上 DRAM 与 SRAM 也很相似,最大的不同是由于地址的复用性,行地址和列地址寄存器都变为了锁存器。

DRAM 读取过程如下:
① 通过地址总线将行地址传输到地址引脚;
② RAS 引脚被激活,这样行地址被传送到行地址锁存器中;
③ 行地址解码器根据接收到的数据选择相应的行;
④ WE 引脚确定不被使能;
⑤ 列地址通过地址总线传输到地址引脚;
⑥ CAS 引脚使能,这样列地址被传送到行地址锁存器中;
⑦ 由于 CAS 引脚具有 OE 功能,所以这时 Dx 引脚知道需要向外输出数据;
⑧ RAS 和 CAS 都不被使能,这样就可以进行下一个周期的数据操作了。

DRAM 的写入过程和读取过程基本相同,只要把第④步改为$\overline{\text{WE}}$引脚被激活就可以了。

### 8.1.4　SRAM 和 DRAM 比较

DRAM 与 SRAM 相比,优点是:
① 存储 1 位的数据,SRAM 需要 4~6 个晶体管,而 DRAM 仅仅需要 1 个晶体管,那么同样容量的 SRAM 的体积比 DRAM 大 4 倍,因此具有集成度高的优点。
② 由于使用了地址复用技术,可以减少芯片的引脚,降低芯片的生产成本和功耗。

DRAM 与 SRAM 相比,缺点是:
① 需要定时刷新,且刷新操作时,不能进行正常读/写操作;
② 访问速度较低,每次读/写需要送两次地址。

因此,大容量存储需求的场合一般都使用 DRAM,比如我们所熟悉的 PC、服务器等的内存使用的 SDRAM 就是 DRAM 的一种。但是,DRAM 由于存储单元的实现原理问题,致使它的速度不可能很高,而 SRAM 的速度可以很高,所以在高速场合,比如 CPU 的缓存等都是由 SRAM 组成的,它可以使缓存的工作速度与 CPU 的主频相同。

## 8.2　SDRAM 的内部结构和控制时序

### 8.2.1　结　构

SDRAM(Synchronous DRAM)是一种同步动态 RAM,它虽然也是一种 DRAM,但是使用结构和方法与异步 DRAM 差别很大。它的基本存储单元和异步 DRAM 一样,但是基本存储单元的组织和控制方法与异步 DRAM 相比有相当大的差别。开发板上有 2 块 SDRAM,它们是现代公司的 HY57V561620,这是一款 4Banks×4M×16 位的 SDRAM,总容量是 256M 位,也就是 32 MB。

与 SRAM 和 DRAM 不同的是,由于 SDRAM 的特点使得它在 PC 中有大量的应用,为了不同厂家的 SDRAM 可以相互兼容,Intel 制定了 SDRAM 规范,对 SDRAM 的容量、存储器组织、使用方法、读/写时序以及封装、引脚排列、电器特性等做出了严格的规定,因此目前市场上可以买到的都是符合这个规范的产品。由于容量和组织多种多样,在 Intel 的规范中针对每一种都做了规定。下面以 HY57V561620 为例,介绍 SDRAM 的结构和使用方法。

256M 位 SDRAM 的存储单元有 3 种:16M×16 位、32M×8 位和 64M×4 位,我们使用的 HY57V561620 属于第 1 种。

图 8-5 是所有 3 种 256M 位 SDRAM 的封装和引脚排列,HY57V561620 属于最外边的那一种。

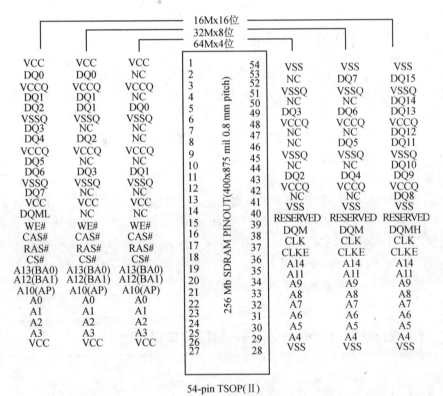

图 8-5  256M 位 SDRAM 的封装与引脚

各引脚的信号类型和功能描述如表 8-1 所列。

表 8 – 1　SDRAM 引脚功能

| 名　称 | 类　型 | 功　能 |
|---|---|---|
| A[n:0] | 输入：同步信号 | 地址总线 |
| CLK | 输入：时钟 | 主时钟信号 |
| CKE | 输入：时钟使能 | 高电平时有效。这个引脚处于低电平期间,提供给所有 Bank 预充电和刷新的操作 |
| RAS# | 输入：同步信号 | 行地址选择(Row Address Select) |
| CS# | 输入：同步信号 | 片选 |
| CAS# | 输入：同步信号 | 列地址选择(Column Address Select) |
| WE# | 输入：同步信号 | 写入信号(Write Enable) |
| DQM#,DQML/H# | 输入：同步信号 | 字节选择和输出使能 |
| DQ[x:0] | 输入/输出：同步信号 | 数据总线 |
| NC/RFU | 保留 | 保留 |
| VCC、VSS | 电源 | 电源 |
| VCCQ、VSSQ | 电源 | 电源 |

注：带"#"的表示该信号低电平有效。

由于 Intel 在对 SDRAM 的规定中并不包括对内部结构的规定,所以相同容量和存储单元组织结构的 SDRAM 的内部结构并不完全相同,但是基本结构和引脚功能是一样的,图 8 – 6 是 HY57V561620 的内部结构框图。

行、列地址线的数量和 Bank 数以及 Bank 地址线数量与存储的总容量和存储单元的组织方式有绝对的对应关系,如表 8 – 2 所列。根据此表,由于 HY57V561620 是 16M×16 位,因此肯定有 4 个 Bank,Bank 地址线 2 根,行地址线 13 根,列地址线 9 根。

表 8 – 2　SDRAM 的存储容量、组织与行、列、Bank 数对应关系

| 容　量 | Bank 数量 | Bank 地址线数量 | 行地址线数量 | 列地址线数量 |
|---|---|---|---|---|
| 16M 2Bank | | | | |
| 1M×16 位 | 2 | 1 | 11 | 8 |
| 2M×8 位 | 2 | 1 | 11 | 9 |
| 4M×4 位 | 2 | 1 | 11 | 10 |
| 64M 4Bank | | | | |
| 2M×32 位 | 4 | 2 | 11 | 8 |
| 4M×16 位 | 4 | 2 | 12 | 8 |
| 8M×8 位 | 4 | 2 | 12 | 9 |

续表 8-2

| 容量 | Bank 数量 | Bank 地址线数量 | 行地址线数量 | 列地址线数量 |
|---|---|---|---|---|
| 16M×4 位 | 4 | 2 | 12 | 10 |
| 128M 4Bank | | | | |
| 4M×32 位 | 4 | 2 | 12 | 8 |
| 8M×16 位 | 4 | 2 | 12 | 9 |
| 16M×8 位 | 4 | 2 | 12 | 10 |
| 32M×4 位 | 4 | 2 | 12 | 11 |
| 256M 4Bank | | | | |
| 8M×32 位 | 4 | 2 | 13 | 8 |
| 16M×16 位 | 4 | 2 | 13 | 9 |
| 32M×8 位 | 4 | 2 | 13 | 10 |
| 64M×4 位 | 4 | 2 | 13 | 11 |

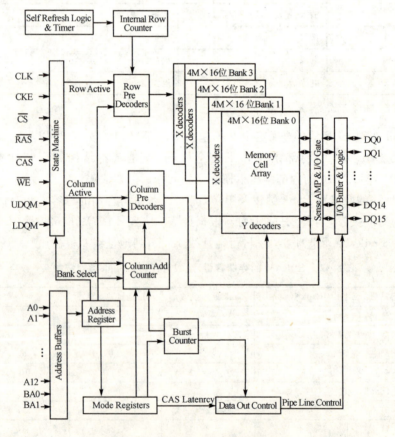

图 8-6 HY57V561620 的结构框图

## 8.2.2 命令和初始化

SDRAM 与 SRAM、DRAM 的显著不同是：
> 对 SDRAM 的访问是靠一系列命令进行的；
> SDRAM 在上电之后，必须首先按照预定的方式进行初始化才能正常的运行。

表 8-3 是 SDRAM 命令真值表。

表 8-3  SDRAM 命令真值表

| 功能 | 符号 | CKEn−1 | CKEn | CS | RAS | CAS | WE | A11 | A10 | BA1~BA0 | A9~A0 |
|---|---|---|---|---|---|---|---|---|---|---|---|
| 器件不使能 | DSEL | H | X | H | X | X | X | X | X | X | X |
| 无操作 | NOP | H | X | L | H | H | H | X | X | X | X |
| 读 | READ | H | X | L | H | L | H | L | L | V | V |
| 读/自动预取 | READAP | H | X | L | H | L | H | L | H | V | V |
| 写 | WRITE | H | X | L | H | L | L | L | L | V | V |
| 写/自动预取 | WRITEAP | H | X | L | H | L | L | L | H | V | V |
| Bank 激活 | ACT | H | X | L | L | H | H | V | V | V | V |
| 预取激活的 Bank | PRE | H | X | L | L | H | L | L | L | V | X |
| 预取所有 Bank | PALL | H | X | L | L | H | L | L | H | X | X |
| 自动刷新 | CBR | H | H | L | L | L | H | X | X | X | X |
| 开始自身刷新 | SLFRSH | H | L | L | L | L | H | X | X | X | X |
| 结束自身刷新 | SLFRSHX | L | H | H | X | X | X | X | X | X | X |
| 进入省电模式 | PWRDN | H | L | X | X | X | X | X | X | X | X |
| 结束省电模式 | PWRDNX | L | H | H | X | X | X | X | X | X | X |
| 设置模式寄存器 | MRS | H | X | L | L | L | L | L | L | V | V |

注："H"代表高电平，"L"代表低电平，"X"代表可以是任何状态，"V"代表有效数据。

SDRAM 的初始化过程如下：在上电并且时钟稳定下来以后，首先需要一个 200 μm 的延迟，在这个时间段中 DSEL 和 NOP 命令有效，这个过程实际上就是自检过程；一旦这个过程通过之后，一个 PALL 命令就会紧紧随着最后一个 DSEL 或者 NOP 命令而生效，这个期间 SDRAM 内部的存储器单元控制逻辑处于空闲状态，随后会执行 8 个自动刷新周期；当自动刷新周期完毕之后，就可以写入模式寄存器了，写完模式寄存器以后，初始化过程完成。初始化过程如图 8-7 所示。

开源软核处理器 OpenRisc 的 SOPC 设计

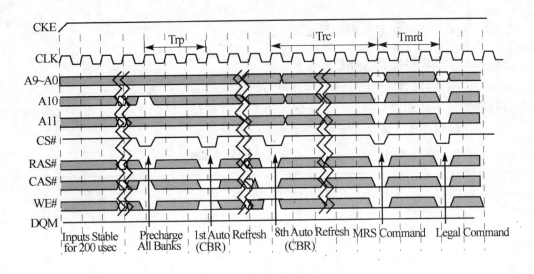

图 8-7　SDRAM 初始化过程

###  8.2.3　模式寄存器

HY57V561620 中模式寄存器的位置见图 8-6。模式寄存器中各位的定义如表 8-4 所列。其中 M0~M2 定义突发长度，M3 定义突发类型，M4~M6 定义 CAS 延迟，M7、M8 定义运行模式，M9 定义写入突发模式，M10、M11 保留。模式寄存器定义 SDRAM 运行的模式，其中包括 CAS 延迟（CAS Latency，表 8-5）、突发类型（Burst Type，表 8-6）、突发长度（Burst Length，表 8-7）、工作模式（Operating Mode）和写入突发模式。工作模式、写入突发模式、突发长度中的长度为 8 的模式和页模式实际上不在 Intel 的规范之内，但是有很多 SDRAM 支持这些模式。模式寄存器可以在所有 Bank 都处于空闲状态时通过 MRS 命令进行编程。

表 8-4　HY57V561620 的模式寄存器

| 位 | M11~M10 | M9 | M8~M7 | M6~M4 | M3 | M2~M0 |
|---|---|---|---|---|---|---|
| 定义 | 保留 | 写入突发模式 | 工作模式，00 | CAS 延迟模式 | 突发类型 | 突发长度 |

对 SDRAM 的读/写操作都是通过突发模式访问，突发模式的长度在初始化过程中载入模式寄存器。当一个 READ 或 WRITE 命令发出之后，这时突发长度就被确定了。所有的访问操作都会以这个突发长度为限进行读取操作。当突发长度设为 2 时，从 A1 开始以上的地

址线作为数据输入/输出的列地址线;当突发长度设定为 4 时,从 A1 开始以上的地址线作为数据输入/输出的列地址线;当突发长度被设定为 8 时,从 A1 开始以上的地址线作为数据输入/输出的列地址线。突发类型主要分为 2 种:Linear 和 Interleaved。突发类型决定了访问的顺序,如表 8-8 所列。

表 8-5  HY57V561620 的 CAS 延迟模式

| M6~M4 | CAS 延迟时钟 |
| --- | --- |
| 010 | 2 |
| 011 | 3 |
| 其他 | 保留 |

表 8-7  HY57V561620 的突发长度

| M2~M0 | 突发长度 |
| --- | --- |
| 000 | 1 |
| 001 | 2 |
| 010 | 4 |
| 011 | 8 |
| 111 | 页 |
| 其他 | 保留 |

表 8-6  HY57V561620 的突发类型

| M3 | 突发类型 |
| --- | --- |
| 0 | 线性(Linear) |
| 1 | 插入式(Interleave) |

表 8-8  突发类型与突发地址顺序关系

| 突发长度 | 起始地址位 | Interleave | Linear |
| --- | --- | --- | --- |
| 2 | A0=0 | 0、1 | 0、1 |
| 2 | A1=1 | 1、0 | 1、0 |
| 4 | A1、A2=00 | 0、1、2、3 | 0、1、2、3 |
| 4 | A1、A2=01 | 1、0、3、2 | 1、2、3、0 |
| 4 | A1、A2=10 | 2、3、0、1 | 2、3、0、1 |
| 4 | A1、A2=11 | 3、2、1、0 | 3、0、1、2 |

  CAS 延迟指的是从 READ 命令发出到第一次数据输出之间的时间,这个时间的单位是时钟周期。这个延迟时间通常设定为 2、3 个时钟周期。也就是说,如果 READ 命令在第 $n$ 个时钟上升沿被触发,延迟时间为 $m$ 个时钟周期,那么数据将会在第 $n+m$ 个时钟上升沿开始输出。图 8-8 所示就是在各种 CAS 延迟设定下的从 READ 命令发出到数据输出的情况。

  模式寄存器是通过 MRS 命令设置的。在发出 MRS 命令之前,所有的 Bank 都必须被预取,并且处于空闲状态。

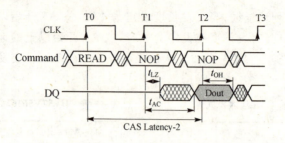

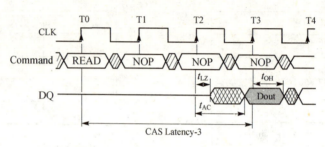

图 8-8 SDRAM 的 CAS 延迟时序

### 8.2.4 Bank 行激活

在进行任何 READ 或 WRITE 命令之前，SDRAM 首先要选择进行操作的 Bank 并激活这个 Bank 相应的行。完成这个任务要通过 ACT 命令来实现。执行 ACT 命令时，BA 引脚的信号决定选择哪一个 Bank，而 A0～Ax 引脚的信号决定选择哪一行。被激活的行保持激活状态，直到下一次所在的 Bank 执行 PRE 命令。图 8-9 所示的是 ACT 命令的波形。

当 ACT 命令执行完毕之后，需要进行操作的 Bank 中的行就会被打开，这时就可以执行 READ 或 WRITE 命令。但是在进行读/写命令之前还必须等待一段时间 $t_{RCD}$（Time——RAS to CAS Delay）。$t_{RCD}$ 是从开始执行 ACT 命令到执行 READ 或 WRITE 命令的时间差。比如说，$t_{RCD(min)}$ 如果为 20 ns，当时钟频率为 125 MHz（也就是每个时钟周期为 8 ns，这个时间叫做 $t_{CK}$）时，$t_{RCD}$ 占据 3 个时钟周期。一般情况下 $2 < t_{RCD(min)}/t_{CK} \leqslant 3$。这个过程如图 8-10 所示。

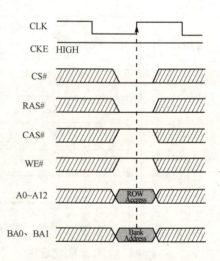

图 8-9 SDRAM 的 ACT 命令

# SDRAM 的时序和控制器

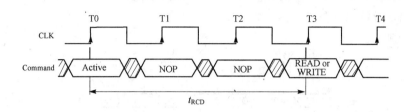

图 8-10  SDRAM 的 ACT 命令与 READ、WRITE

当需要打开同一个 Bank 中的另外一行时,需要首先使用 PRE 命令把已经打开的行关闭,然后再使用 ACT 来打开新的行。

 ## 8.2.5 读/写时序

当行地址选定并且相应的行被打开之后,就可以进行读操作。读操作可以使用 READAP 和 READ 两个命令,如图 8-11 所示。BA 引脚决定对哪个 Bank 进行操作,A10 引脚的信号决定了是否进行自动预取。一般地,读取操作中,AUTO PRECHAGE 处于低电平,也就是无效状态;如果它处于高电平就说明在读取突发进行完毕之后所读取的行会进入预充电状态,该行也会从打开状态变为关闭状态。A0~Ax 传输列地址数据。CS 依然处于低电平状态,保证对于需要操作芯片的选择。RAS 此时处于高电平,因为该行已经打开直到执行 PRE 命令才会关闭,所以 RAS 此时处于无效状态。因为这时是对于列的选择,所以 RAS 处于低电平状态,进行列地址选择。因为是读取操作,WE 是高电平,处于无效状态。

在发出了 READ 或 READAP 命令之后,数据不会立刻出现在数据总线上。发出 READ 命令之后经过 CAS 延迟,数据才会出现在数据总线上,然后跟随的数据都是在紧接着的时钟周期的上升沿依次发出。

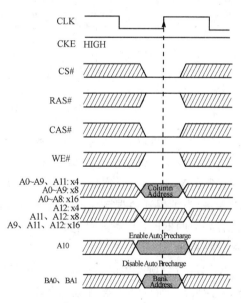

图 8-11  SDRAM 的 READ 和 READAPA 命令

如果在完成 READ 命令的过程中没有其他命令,那么数据总线会进入高阻状态。然后内存就会进入全页突发模式,直到被中止。在 READ 命令的过程中,可以执行新的 READ 命令，并且新的 READ 命令所产生的数据后可以紧紧跟着前面 READ 命令所产生的数据发出，这样就能够保持数据的连贯性。这个过程如图 8-12 所示。

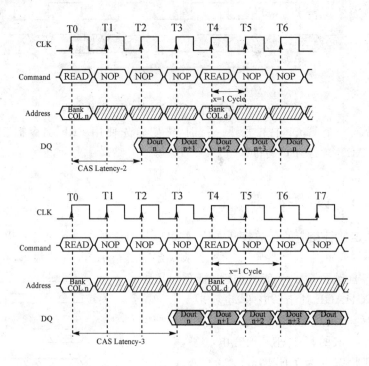

图 8-12　SDRAM 的连续 READ 时序

从图 8-12 可以看出，为了保证数据的连贯性，新的 READ 命令应该在上一个 READ 命令所产生的数据的最后一个周期之前 x 个周期执行。在这里 x 等于 CAS 延迟时间减 1。在这种机制的基础上，可以实现随机读取，随机读取过程如图 8-13 所示。以 CAS 延迟为 3 的情况为例，为了保证数据输出的连续性，新的 READ 指令必须提前 2 个时钟周期初始化，这样就会看到新的 READ 指令是紧紧接着上一个 READ 指令发出的，数据也是按照这个顺序出现在数据总线上的。

READ 命令所产生的数据流可以被 WRITE 命令所中止，由于从 READ 到 WRITE 转变需要一定时间，所以必须等待数据传输完毕才能发出 WRITE 命令。WRITE 命令应该在读取数据全部完成，并且等待一个时钟周期之后再开始。需要注意的是，前边介绍的 READ—READ 转换和 READ—WRITE 转换，后一个命令所要访问的 Bank 和行地址必须与前一个命令相同。这个过程如图 8-14 所示。

前面已经说过，当需要打开同一个 Bank 中的另外一行时，需要首先使用 PRE 命令把已经打开的行关闭，这个过程如图 8-15 所示。PRE 命令应该在上一次 READ 命令输出数据的

# SDRAM 的时序和控制器  8

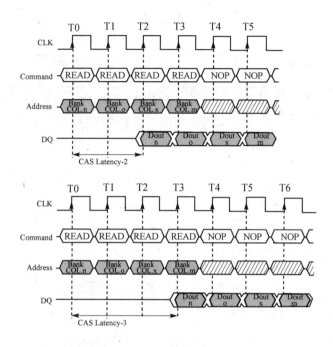

图 8-13　SDRAM 的随机 READ 时序

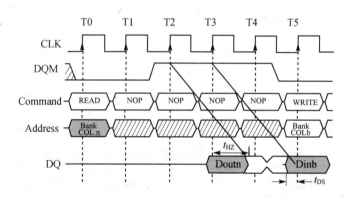

图 8-14　SDRAM 的 READ—WRUTE 转换

最后一个时钟周期的前(x-1)个时钟周期执行。一旦发出了 PRE 命令,并且等待数据输出结束之后,就可以通过 ACT 命令来选择新的 Bank 和行。

除了 WE 信号的高低相反之外,写 SDRAM 的过程及其与其他状态转换的过程和读 SDRAM 及其与其他状态转换的过程是相同的,因此,在这里就不再介绍了。

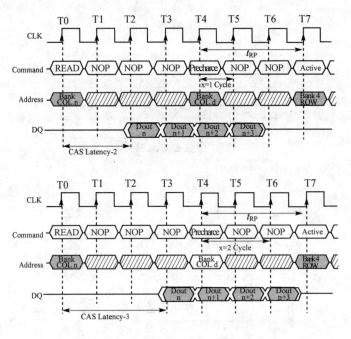

图 8-15 SDRAM 的 READ—PRE 转换

## 8.2.6 自动刷新

自动刷新时序用于对 SDRAM 进行刷新。刷新地址由 SDRAM 自己产生,并且每次刷新之后会自动增加。在刷新结束之前,不能执行任何命令。SDRAM 自动刷新时序图如图 8-16 所示。

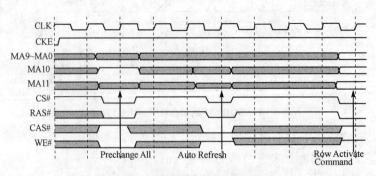

图 8-16 SDRAM 自动刷新时序图

除了以上的基本控制以外,SDRAM 还有其他一些工作模式和时序要求,这里不再一一介绍。

## 8.3 SDRAM 控制器 wb_sdram

### 1. wb_sdram 简介

wb_sdram 是 SDRAM 专用控制器,在不改变任何代码的情况下可以直接控制 32 位总线,行地址 13 位、列地址 9 位的 SDRAM;如果简单修改一下代码,可以控制其他行地址、列地址位数的 SDRAM。时序在没有采用 CPU 可读/写的寄存器形式进行存储,而是使用头文件直接固定定义的形式。wb_sdram 除了有 Wishbone 总线和 SDRAM 总线的接口信号外,还提供了外部总线协作接口,如果 SDRAM 的总线与其他存储器复用,可以利用外部总线协作接口信号来协调 wb_sdram 与其他控制器对外部总线的占用。

### 2. I/O 端口

控制器 wb_sdram 的 I/O 端口分为:Wishbone 系统信号、Wishbone 接口、外部存储器信号接口和外部总线协作接口。它们如表 8-9~表 8-12 所列。

表 8-9 wb_sdram 的 Wishbone 系统 I/O 信号

| 信 号 | 宽度/位 | 方 向 | 功 能 |
| --- | --- | --- | --- |
| clk_i | 1 | 输入 | 时钟输入 |
| rst_i | 1 | 输入 | 复位 |

表 8-10 wb_sdram 的寄存器空间 Wishbone 接口信号

| 信 号 | 宽度/位 | 方 向 | 功 能 |
| --- | --- | --- | --- |
| wb_dat_i | 32 | 输入 | 寄存器空间数据输入 |
| wb_dat_o | 32 | 输出 | 寄存器空间数据输出 |
| wb_adr_i | 32 | 输入 | 寄存器空间地址输入 |
| wb_sel_i | 4 | 输入 | 寄存器空间选择输入 |
| wb_we_i | 1 | 输入 | 寄存器空间写使能输入 |
| wb_cyc_i | 1 | 输入 | 寄存器空间循环输入 |
| wb_stb_i | 1 | 输入 | 寄存器空间选通输入 |
| wb_ack_o | 1 | 输出 | 寄存器空间响应输出 |
| wb_err_o | 1 | 输出 | 寄存器空间错误输出 |

表 8-11 wb_sdram 的外部存储器接口信号

| 信 号 | 宽度/位 | 方 向 | 功 能 |
| --- | --- | --- | --- |
| mem_clk_pad_o | 1 | 输入 | 存储器控制逻辑时钟输入 |
| mem_dat_pad_i | 32 | 输出 | 存储器数据总线输出 |
| mem_dat_pad_o | 32 | 输入 | 存储器数据总线输入 |
| mem_doe_pad_o | 1 | 输出 | 存储器数据总线输出使能 |
| mem_adr_pad_o | 24 | 输出 | 存储器地址总线 |
| mem_wen_pad_o | 4 | 输出 | 存储器写使能 |
| mem_csn_pad_o | 1 | 输出 | 存储器输出使能 |
| mem_dqmn_pad_o | 1 | 输出 | 存储器字节使能 |
| mem_ras_pad_o | 1 | 输出 | SDRAM RAS |
| mem_cas_pad_o | 1 | 输出 | SDRAM CAS |
| mem_cke_pad_o | 1 | 输出 | SDRAM CKE |

表 8-12 wb_sdram 的外部总线协作接口

| 信 号 | 宽度/位 | 方 向 | 功 能 |
| --- | --- | --- | --- |
| sd_pwrup | 1 | 输出 | 上电初始化过程中 |
| sd_go | 1 | 输入 | SDRAM 总线控制使能 |
| sd_busy | 1 | 输出 | SDRAM 总线访问中 |
| sd_do_refresh | 1 | 输出 | SDRAM 刷新中 |

## 8.4 集成和仿真存储系统

### 8.4.1 存储器模型

可以从器件的生产厂商那里得到器件的 Verilog 模型。mt48lc16m16a2 是与 HY57V561620 相同类型的 SDRAM，由于没有找到 HY57V561620 的模型，所以这里使用 mt48lc16m16a2 替代 HY57V561620。

新建一个名为 ar2000_sdram 的工程，按照以前的代码组织结构，在里面新建一个顶层例化文件 ar2000_sdram.v、一个系统结构文件 system_sdram.v 和一个测试文件 ar2000_sdram_bench.v。

## 8.4.2 system_sdram.v

按照 ORP 的规定,RAM 只能位于 0x0000_0000~0x3fff_ffff 之间,结合 Wishbone 互连 IP 的地址分配,并结合系统的特性,sdram 应该接在 S0 上面。

清楚这些问题以后,就可以开始修改代码了。首先,为 system_sdram 添加 I/O 端口。其次,在 UART 的 I/O 信号的声明后边加上这些信号的声明,代码如下:

```
//
// SDRAM
//
output              sdram_clk_pad_o;
input       [31:0]  sdram_dat_pad_i;
output      [31:0]  sdram_dat_pad_o;
output              sdram_doe_pad_o;
output      [14:0]  sdram_adr_pad_o;
output              sdram_wen_pad_o;
output              sdram_csn_pad_o;
output      [3:0]   sdram_dqmn_pad_o;
output              sdram_ras_pad_o;
output              sdram_cas_pad_o;
output              sdram_cke_pad_o;
```

然后,添加 wb_sdram 控制器与 Wishbone 互连 IP 连接需要的信号,代码如下:

```
//
// SDRAM controller slave i/f wires
//
wire        [31:0]  wb_sdram_dat_i;
wire        [31:0]  wb_sdram_dat_o;
wire        [31:0]  wb_sdram_adr_i;
wire        [3:0]   wb_sdram_sel_i;
wire                wb_sdram_we_i;
wire                wb_sdram_cyc_i;
wire                wb_sdram_cab_i;
wire                wb_sdram_stb_i;
wire                wb_sdram_ack_o;
wire                wb_sdram_err_o;
```

最后,就是 wb_sdram 的例化和连接工作了。这里不给出代码,由读者自己完成。

# 开源软核处理器 OpenRisc 的 SOPC 设计

### 8.4.3　ar2000_sdram.v

对这个文件的修改很简单，就是根据新的 system_sdram 改变以前的例化。首先在 I/O 声明结束的位置添加 system_sdram 的外部存储器数据总线信号和数据输出使能信号，代码如下：

```
output      [12:0]      sdram_A;
output      [1:0]       sdram_BA;
inout       [31:0]      sdram_DQ;
output                  sdram_CS_n;
output                  sdram_RAS_n;
output                  sdram_CAS_n;
output                  sdram_WE_n;
output      [3:0]       sdram_DQM;
output                  sdram_CLK;
output                  sdram_CKE;
input                   sdram_CLKIN;
```

然后修改例化：

```
system_sdram system_sdram_0 (
    .clk0(proto_CLKOUT0),
    .clk1(),
    .rst(!pld_clear_n),

    .sgpio_in ({20´h00000,user_PB,pld_USER}),
    .sgpio_out ({user_LED,hex_1,hex_0}),

    .jtag_tdi(GPJ_TDI),
    .jtag_tms(GPJ_TMS),
    .jtag_tck(GPJ_TCK),
    .jtag_trst(GPJ_TRST),
    .jtag_tdo(GPJ_TDO),

    .uart_txd(serial_TXD1),
    .uart_rxd(serial_RXD1),

    .sdram_clk_pad_o(sdram_CLK),
    .sdram_dat_pad_i(sdram_DQ),
```

```
        .sdram_dat_pad_o(sdram_dat_pad_o),
        .sdram_doe_pad_o(sdram_doe_pad_o),
        .sdram_adr_pad_o({sdram_BA,sdram_A}),
        .sdram_wen_pad_o(sdram_WE_n),
        .sdram_csn_pad_o(sdram_CS_n),
        .sdram_dqmn_pad_o(sdram_DQM),
        .sdram_ras_pad_o(sdram_RAS_n),
        .sdram_cas_pad_o(sdram_CAS_n),
        .sdram_cke_pad_o(sdram_CKE)
    );
```

最后,处理数据总线的双向端口问题,在文件的最后添加如下代码:

```
wire    [31:0]  sdram_dat_pad_o;
wire            sdram_doe_pad_o;
assign          sdram_DQ = sdram_doe_pad_o ? sdram_dat_pad_o : 32'hzzzz_zzzz;
```

### 8.4.4 ar2000_sdram_bench.v

相同的方法,在这里添加 ar2000_sdram 的外部存储器 I/O 端口。同时例化给出的 sdram 模型,代码如下:

```
ar2000_sdram ar2000_sdram_0 (
    .proto_CLKOUT0(proto_CLKOUT0),
    .pld_clear_n(pld_clear_n),
    .pld_USER(pld_USER),
    .user_PB(user_PB),
    .user_LED(user_LED),
    .hex_1(hex_1),
    .hex_0(hex_0),
    .GPJ_TCK(GPJ_TCK),
    .GPJ_TRST(GPJ_TRST),
    .GPJ_TMS(GPJ_TMS),
    .GPJ_TDI(GPJ_TDI),
    .GPJ_TDO(GPJ_TDO),
    .serial_TXD1(serial_TXD1),
    .serial_RXD1(serial_RXD1),
    .sdram_CLK(sdram_CLK),
```

```
        .sdram_DQ(sdram_DQ),
        .sdram_BA(sdram_BA),
        .sdram_A(sdram_A),
        .sdram_WE_n(sdram_WE_n),
        .sdram_CS_n(sdram_CS_n),
        .sdram_DQM(sdram_DQM),
        .sdram_RAS_n(sdram_RAS_n),
        .sdram_CAS_n(sdram_CAS_n),
        .sdram_CKE(sdram_CKE)
    );
//
// Instantiation of the SDRAM moudle
//
    mt48lc16m16a2 HY57LV561620_l (
        .Dq         (sdram_DQ[15:0]),
        .Addr       (sdram_A[12:0]),
        .Ba         (sdram_BA),
        .Clk        (sdram_CLK),
        .Cke        (sdram_CKE),
        .Cs_n       (sdram_CS_n),
        .Ras_n      (sdram_RAS_n),
        .Cas_n      (sdram_CAS_n),
        .We_n       (sdram_WE_n),
        .Dqm        (sdram_DQM[1:0])
    );
    mt48lc16m16a2 HY57LV561620_h (
        .Dq         (sdram_DQ[31:16]),
        .Addr       (sdram_A[12:0]),
        .Ba         (sdram_BA),
        .Clk        (sdram_CLK),
        .Cke        (sdram_CKE),
        .Cs_n       (sdram_CS_n),
        .Ras_n      (sdram_RAS_n),
        .Cas_n      (sdram_CAS_n),
        .We_n       (sdram_WE_n),
        .Dqm        (sdram_DQM[3:2])
    );
```

******************************** 代码不完整,仅供参考 ********************************

### 8.4.5 结 构

完成以上修改以后,编译修改的文件,将 ar2000_sdram_bench 设置为顶层设计,可以得到如图 8-17 所示的 system_sdram 和 ar2000_sdram_bench 的结构图。从图中可以看出,wb_sdram 已经添加到 system_sdram 中,ar2000_sdram_bench 除了包含 ar2000_sdram 外,还有 mt48lc16m16a2 的实例。

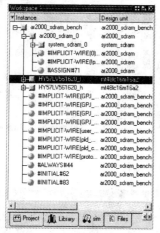
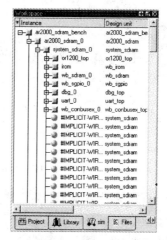

(a) system_sdram 结构图　　(b) ar2000_sdram_bench 结构图

图 8-17　system_sdram 和 ar2000_sdram_bench 结构图

### 8.4.6 仿 真

为了对 SDRAM 的读/写有更深入的理解,下面对第 5 章的代码进行仿真,所不同的是,在第 5 章中的片内 RAM 已经被换成了片外的 SDRAM。只要在仿真时,保证仿真的 wb_irom 为第 5 章中的文件即可。

在 Modelsim 中编译修改过的文件以后就可以进行仿真了。新建波形文件,添加 ar2000_sdram_bench 中关于外部存储器总线的信号,进行仿真,可以得到读/写波形。我们可以看 user_LED、hex_1、hex_0 的值和输入 pld_USER、user_PB 的值相比较的结果,大致数据相同,中间有差位是因为 sdram 的访问速度较慢。

图 8-18~图 8-20 是各个局部的波形,有了前边的基础,相信分析起来应该没有什么困难,这里就不再详细分析。

# 开源软核处理器 OpenRisc 的 SOPC 设计

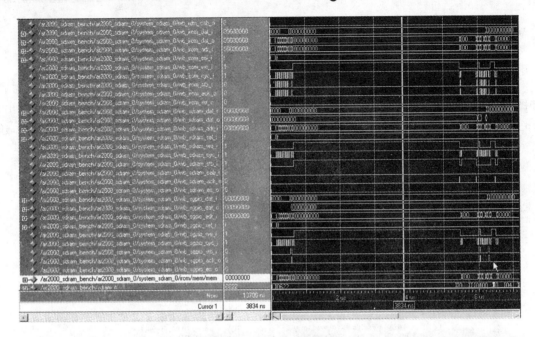

图 8-18　SDRAM 初始化波形

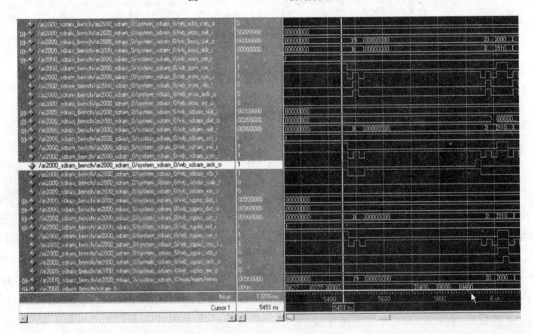

图 8-19　SDRAM 单写波形

# SDRAM 的时序和控制器 8

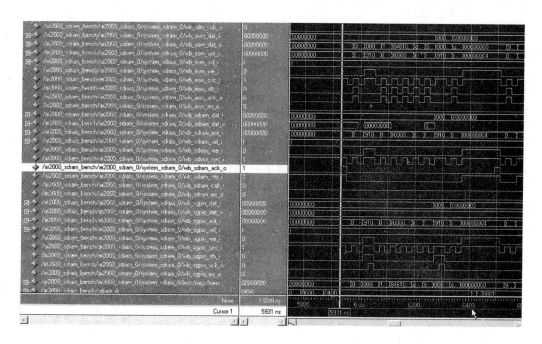

图 8-20　SDRAM 突发读波形

## 8.5　验证存储系统

综合、布局布线、下载之后,通过 DEBUG 的 GDB 给系统下载一个测试程序,程序代码如下:

```
void testram (unsigned long start_addr, unsigned long stop_addr, unsigned long testno)
{
  unsigned long addr;
  unsigned long addrrrr;
  unsigned long err_addr = 0;
  unsigned long err_no = 0;
  /* Test 1: Write locations with their addresses */
  uart_putc ('a');
  for ( addrrrr = start_addr; addrrrr <= stop_addr; addrrrr + = 0x100000)
```

```
{
    if ((testno == 1) || (testno == 0)) {
     for (addr = addrrrr; addr <= addrrrr + 0x100000; addr += 4)
    //for (addr = start_addr; addr <= stop_addr; addr += 4)
        REG32(addr) = addr;
*
    *
    *
    *
    *
    /* Test 4: Write locations with walking zeros */
    if ((testno == 4) || (testno == 0)) {
     uart_putc ('d');
     for (addr = start_addr; addr <= stop_addr; addr += 4)
        REG32(addr) = ~(1 << (addr >> 2));

        /* Verify */
        for (addr = start_addr; addr <= stop_addr; addr += 4)
          if (REG32(addr) != ~(1 << (addr >> 2))) {
            err_no++;
            err_addr = addr;
          }
        if (err_no) uart_putc ('0');
        else uart_putc ('1');
        err_no = 0;
    }
}
```

\*\*\*\*\*\*\*\*\*\*\*\*\*\*\*\*\*\*\*\*\*\*\*\*\*\*\*\*\*\*\*\*\*\* 代码不完整，仅供参考 \*\*\*\*\*\*\*\*\*\*\*\*\*\*\*\*\*\*\*\*\*\*\*\*\*\*\*\*\*\*\*\*\*\*

这个代码对 sdram 进行 4 次测试，每次写不同的数据再读出来进行比较。然后打开 GDB,通过 Debug 口下载程序，如图 8-21 所示。

下载完，程序开始执行以后，在串口超级终端上面看见一些打印的字符。首先在输出 "HELLO WORLD!!"以后输出一个"a"，表示测试第 1 项开始，每一个"*"表示 1M，后面的 b、c、d 分别表示其他 3 项测试。"1"表示测试通过，"0"表示测试有错误发生。由于 sdram 相对比较大，这里的测试耗时比较长，全部测试完毕大概需要 15 min。

# SDRAM 的时序和控制器 8

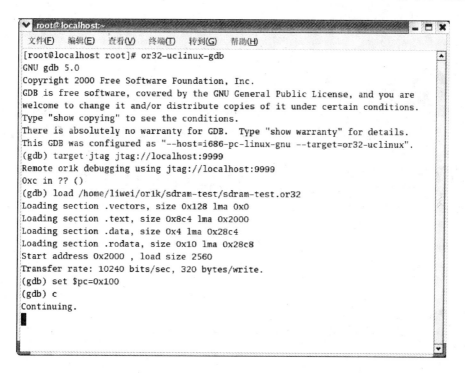

图 8-21  通过 Debug 给系统下载程序

# 第 9 章

# 外部异步总线控制器的设计

## 9.1 异步总线控制器的结构和功能

### 9.1.1 异步总线的组成

总线一般由数据线、地址线、控制信号线组成。其中控制信号有:
- 数据传输控制信号:存储器读/写控制信号、I/O 读/写控制信号、应答信号等。
- 总线请求和交换信号:总线请求与仲裁信号,中断请求与响应信号等。
- 其他控制信号:时钟、复位等。

按时序分,有:同步控制方式和异步控制方式。同步控制方式的数据传输在一个统一的时钟同步信号的控制下进行;而异步控制方式没有固定的时钟周期,采用应答方式完成数据传输,有全互锁、半互锁和不互锁 3 种时序。

异步总线的数据传输可能有 3 种模式:8 位、16 位和 32 位。所以异步总线控制器能够在外部总线宽度小于 32 位的情况下进行多次的读/写,以组合成一个 32 位的数据。例如:当外设数据总线宽度是 8 位时,需要进行 4 次读/写,以组成一个 32 位的字。

### 9.1.2 异步总线的读/写时序

异步总线的时序分成 2 部分:读和写。其中读操作时序如图 9-1 所示。
异步总线控制器会在同一个时间将片选、输出使能和地址数据设置好,在等待 $t_{\text{rdv}}$(ns)后数据出现在存储器的接口上,同时控制器将数据内部锁存。然后片选、输出使能和地址数据失效。在使控制器等待 $t_{rdz}$(ns)使数据总线达到高阻态之后,才能对控制器接口进行新的读/写操作。

异步总线的写操作时序如图 9-2 所示。

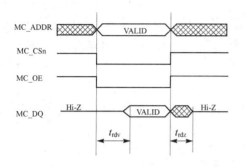

图 9-1　异步总线的读操作时序　　　　图 9-2　异步总线的写操作时序

异步总线控制器在同一时间将数据、地址、片选以及写使能有效,在 $t_{wpw}$(ns)后,将写使能无效,在 $t_{wd}$(ns)之后将数据、地址和片选无效,直到 $t_{wwd}$(ns)的延时以后才能进行新的读/写。$t_{rdv}$、$t_{rdz}$ 等参数的在寄存器中的位置如表 9-1 所列。

表 9-1　异步总线读/写的时序要求

| 位 | 访问 | 描述 |
|---|---|---|
| 25～20 | 读写 | $t_{wwd}$:6 位写入高脉冲有效的计数值 |
| 19～16 | 读写 | $t_{wd}$:4 位为使芯片使能无效的写入等待计数值 |
| 15～12 | 读写 | $t_{wpw}$:4 位带计数值的写入脉冲 |
| 11～8 | 读写 | $t_{rdz}$:4 位读出高阻态的计数值 |
| 7～0 | 读写 | $t_{rdv}$:8 位读出有效数据的计数值 |

在表 9-1 中除 $t_{rdv}$ 外,所有的时序计算公式都是:
$$t = （延时时间/时钟周期）-2$$
例如,如果需要 60 ns 的延时,以 10 ns 的时钟周期为例,需要在寄存器中的参数为:(60 ns/10 ns)-2=4。

而 $t_{rdv}$ 的值为:
$$t_{rdv} = （延时时间/时钟周期）-3$$
还是以 60 ns 为例,实际在寄存器中值应该是(60 ns/10 ns)-3=3。

## 9.2 编写异步总线控制器

### 9.2.1 编写代码

异步总线控制器有 8 个 Bank,可以接 8 个异步总线的外设。由于各个外设的读/写时序不一样,在控制器中还设计一个 32 位宽、8 位深的寄存器,用于存储上面讨论的时序参数。

```
//
// Parameters
//
parameter    effective_addr_w = 28;
parameter    bank0_addr_w = 3;              //Bank0 address decode width
parameter    bank0_addr = 3´h0;             //Bank0 address
parameter    bank1_addr_w = 3;              //Bank1 address decode width
parameter    bank1_addr = 3´h1;             //Bank1 address
parameter    bank2_addr_w = 3;              //Bank2 address decode width
parameter    bank2_addr = 3´h2;             //Bank2 address
parameter    bank3_addr_w = 3;              //Bank3 address decode width
parameter    bank3_addr = 3´h3;             //Bank3 address
parameter    bank4_addr_w = 3;              //Bank4 address decode width
parameter    bank4_addr = 3´h4;             //Bank4 address
parameter    bank5_addr_w = 3;              //Bank5 address decode width
parameter    bank5_addr = 3´h5;             //Bank5 address
parameter    bank6_addr_w = 3;              //Bank6 address decode width
parameter    bank6_addr = 3´h6;             //Bank6 address
parameter    bank7_addr_w = 3;              //Bank7 address decode width
parameter    bank7_addr = 3´h7;             //Bank7 address
   :
assign    rdv_time[0] = mem_reg[0][7:0];    //Bank0
assign    rdz_time[0] = mem_reg[0][11:8];
assign    wpw_time[0] = mem_reg[0][15:12];
assign    wd_time[0] = mem_reg[0][19:16];
assign    wwd_time[0] = mem_reg[0][25:20];
assign    eabuswd[0] = mem_reg[0][27:26];
assign    usewait[0] = mem_reg[0][28];
assign    rdv_time[1] = mem_reg[1][7:0];    //Bank1
assign    rdz_time[1] = mem_reg[1][11:8];
```

```verilog
assign    wpw_time[1]  = mem_reg[1][15:12];
assign    wd_time[1]   = mem_reg[1][19:16];
assign    wwd_time[1]  = mem_reg[1][25:20];
assign    eabuswd[1]   = mem_reg[1][27:26];
assign    usewait[1]   = mem_reg[1][28];
assign    rdv_time[2]  = mem_reg[2][7:0];      //Bank2
assign    rdz_time[2]  = mem_reg[2][11:8];
assign    wpw_time[2]  = mem_reg[2][15:12];
assign    wd_time[2]   = mem_reg[2][19:16];
assign    wwd_time[2]  = mem_reg[2][25:20];
assign    eabuswd[2]   = mem_reg[2][27:26];
assign    usewait[2]   = mem_reg[2][28];
assign    rdv_time[3]  = mem_reg[3][7:0];      //Bank3
assign    rdz_time[3]  = mem_reg[3][11:8];
assign    wpw_time[3]  = mem_reg[3][15:12];
assign    wd_time[3]   = mem_reg[3][19:16];
assign    wwd_time[3]  = mem_reg[3][25:20];
assign    eabuswd[3]   = mem_reg[3][27:26];
assign    usewait[3]   = mem_reg[3][28];
assign    rdv_time[4]  = mem_reg[4][7:0];      //Bank4
assign    rdz_time[4]  = mem_reg[4][11:8];
assign    wpw_time[4]  = mem_reg[4][15:12];
assign    wd_time[4]   = mem_reg[4][19:16];
assign    wwd_time[4]  = mem_reg[4][25:20];
assign    eabuswd[4]   = mem_reg[4][27:26];
assign    usewait[4]   = mem_reg[4][28];
assign    rdv_time[5]  = mem_reg[5][7:0];      //Bank5
assign    rdz_time[5]  = mem_reg[5][11:8];
assign    wpw_time[5]  = mem_reg[5][15:12];
assign    wd_time[5]   = mem_reg[5][19:16];
assign    wwd_time[5]  = mem_reg[5][25:20];
assign    eabuswd[5]   = mem_reg[5][27:26];
assign    usewait[5]   = mem_reg[5][28];
assign    rdv_time[6]  = mem_reg[6][7:0];      //Bank6
assign    rdz_time[6]  = mem_reg[6][11:8];
assign    wpw_time[6]  = mem_reg[6][15:12];
assign    wd_time[6]   = mem_reg[6][19:16];
assign    wwd_time[6]  = mem_reg[6][25:20];
assign    eabuswd[6]   = mem_reg[6][27:26];
```

```
assign      usewait[6] = mem_reg[6][28];
assign      rdv_time[7] = mem_reg[7][7:0];      //Bank7
assign      rdz_time[7] = mem_reg[7][11:8];
assign      wpw_time[7] = mem_reg[7][15:12];
assign      wd_time[7] = mem_reg[7][19:16];
assign      wwd_time[7] = mem_reg[7][25:20];
assign      eabuswd[7] = mem_reg[7][27:26];
assign      usewait[7] = mem_reg[7][28];
```

为了能够对这个寄存器进行读/写,在设计中用了一个专门的 Wishbone Slave 接口对寄存器进行操作。接下来的程序就是一个状态机进行读/写操作。

### 9.2.2　I/O 端口

异步总线控制器的 I/O 端口分为 4 部分:Wishbone 系统信号、内部寄存器 Wishbone 接口、存储器空间 Wishbone 接口和外部存储器信号接口。它们如表 9-2～表 9-5 所列。

表 9-2　Wishbone 系统 I/O 信号

| 信号 | 宽度/位 | 方向 | 功能 |
|---|---|---|---|
| wb_clk_i | 1 | 输入 | 时钟输入 |
| wb_rst_i | 1 | 输入 | 复位 |

表 9-3　内部寄存器 Wishbone 接口信号

| 信号 | 宽度/位 | 方向 | 功能 |
|---|---|---|---|
| wbr_dat_i | 32 | 输入 | 寄存器空间数据输入 |
| wbr_dat_o | 32 | 输出 | 寄存器空间数据输出 |
| wbr_adr_i | 32 | 输入 | 寄存器空间地址输入 |
| wbr_sel_i | 4 | 输入 | 寄存器空间选择输入 |
| wbr_we_i | 1 | 输入 | 寄存器空间写使能输入 |
| wbr_cyc_i | 1 | 输入 | 寄存器空间循环输入 |
| wbr_stb_i | 1 | 输入 | 寄存器空间选通输入 |
| wbr_ack_o | 1 | 输出 | 寄存器空间响应输出 |
| wbr_err_o | 1 | 输出 | 寄存器空间错误输出 |

表 9-4　存储器空间 Wishbone 接口信号

| 信号 | 宽度/位 | 方向 | 功能 |
|---|---|---|---|
| wb_dat_i | 32 | 输入 | 存储器空间数据输入 |
| wb_dat_o | 32 | 输出 | 存储器空间数据输出 |
| wb_adr_i | 32 | 输入 | 存储器空间地址输入 |
| wb_sel_i | 4 | 输入 | 存储器空间选择输入 |
| wb_we_i | 1 | 输入 | 存储器空间写使能输入 |
| wb_cyc_i | 1 | 输入 | 存储器空间循环输入 |
| wb_stb_i | 1 | 输入 | 存储器空间选通输入 |
| wb_ack_o | 1 | 输出 | 存储器空间响应输出 |
| wb_err_o | 1 | 输出 | 存储器空间错误输出 |

表 9-5 外部存储器接口信号

| 信 号 | 宽度/位 | 方 向 | 功 能 |
|---|---|---|---|
| mem_data_pad_o | 32 | 输出 | 存储器数据总线输出 |
| mem_data_pad_i | 32 | 输入 | 存储器数据总线输入 |
| mem_doe_pad_o | 1 | 输出 | 存储器数据总线输出使能 |
| mem_addr_pad_o | 28 | 输出 | 存储器地址总线 |
| mem_dqm_pad_o | 4 | 输出 | 存储器字节使能 |
| mem_oe_pad_o_ | 1 | 输出 | 存储器输出使能 |
| mem_wen_pad_o_ | 1 | 输出 | 存储器写使能 |
| mem_waitn_pad_i | 1 | 输入 | 存储器等待输出 |
| mem_csn_pad_o_ | 8 | 输出 | 片选 |

## 9.3 异步总线控制器的仿真

为了验证设计代码的正确性,下面对设计的异步总线控制器进行详细的仿真。内容包括 32 位、16 位和 8 位模式,以及各个模式下的读/写。测试部分代码如下:

```
IS61LV5128 IS61LV5128_0 (
    .A(mem_adr_pad_o[18:0]),
    .IO(mem_dat_pad[7:0]),
    .CE_ (mem_csn_pad_o[0]),
    .OE_ (mem_oen_pad_o),
    .WE_ (mem_wen_pad_o)
);

IS61LV51216 IS61LV51216_0 (
    .A(mem_adr_pad_o[19:1]),
    .IO(mem_dat_pad[15:0]),
    .CE_ (mem_csn_pad_o[1]),
    .OE_ (mem_oen_pad_o),
    .WE_ (mem_wen_pad_o),
    .LB_ (mem_dqmn_pad_o[0]),
    .UB_ (mem_dqmn_pad_o[1])
);

IS61LV51232 IS61LV51232_0 (
```

```
        .A(mem_adr_pad_o[20:2]),
        .IO(mem_dat_pad[31:0]),
        .CE_ (mem_csn_pad_o[2]),
        .OE_ (mem_oen_pad_o),
        .WE_ (mem_wen_pad_o),
        .LLB_ (mem_dqmn_pad_o[0]),
        .LB_ (mem_dqmn_pad_o[1]),
        .UB_ (mem_dqmn_pad_o[2]),
        .UUB_ (mem_dqmn_pad_o[3])
        );
// 40MHz
always
begin
    clk = 1´b0;
    #12.50;
    clk = 1´b1;
    #12.50;
end
reg  [31:0]   mem_do;
initial
begin
    rst = 1´b1;
    #100;
    rst = 1´b0;
    #40;
    wb_mast_reg.wb_wr1(32´h0000_0004,4´hf,32´h0455_5505);
    #40;
    wb_mast_reg.wb_wr1(32´h0000_0008,4´hf,32´h0855_5505);
    #40;
    #40;
    wb_mast_mem.wb_wr1(32´h0000_0000,4´hf,32´h01234567);
    #40;
    wb_mast_mem.wb_wr1(32´h0200_0000,4´hf,32´h12345678);
    #40;
    wb_mast_mem.wb_wr1(32´h0400_0000,4´hf,32´h23456789);
    #40;
    #40;
    wb_mast_mem.wb_rd1(32´h0000_0000,4´hf, mem_do);
    #40;
```

## 外部异步总线控制器的设计 9

```
        wb_mast_mem.wb_rd1(32´h0200_0000,4´hf, mem_do);
        #40;
        wb_mast_mem.wb_rd1(32´h0400_0000,4´hf, mem_do);
        #40;
        #1000;
        $ stop;
    end
```

**************************** 代码不完整，仅供参考 ****************************

首先例化了 8 位、16 位和 32 位异步总线设备。然后对控制寄存器的值写值。由于在系统复位中已经对第 1 个设备的寄存器进行了 8 位的初始化，在这里只需要两个寄存器的写操作。然后是 3 次不同地址的写数据，紧接着再读出来。

仿真的总体结构如图 9-3 所示。

新建波形文件，添加要察看的信号，仿真。其整体波形如图 9-4 所示。从图中可以看出，波形分 3 块：第 1 块是 170 ns 左右"wbr"的 3 次操作。第 2 块是 2～4 μs 附近"wb"的一些操作，第 3 块是 5～6.5 μs 附近的几次操作。这个波形文件比较简单，对照上面的 bench 文件可以看懂。

图 9-3 wb_eabus 功能仿真的总体结构

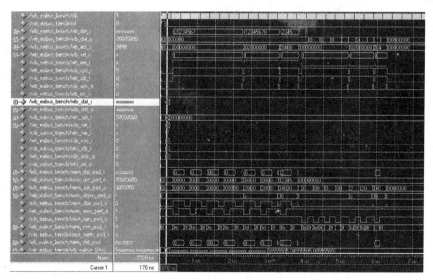

图 9-4 wb_eabus 功能仿真波形

## 9.4 集成和仿真存储系统

### 9.4.1 存储器模型

可以从器件的生产厂商那里得到器件的 Verilog 模型。Am29lv160d.exe、IS61LV25616.exe 和 mt48lc16m16a2.zip 分别是从厂商网站上下载的 Flash、SRAM 和 SDRAM 的 Verilog 仿真模型压缩包。

Model 里是经过整理的 3 个器件的模型,将使用它们进行仿真。新建一个名为 ar2000_eabus 的工程;按照以前的代码组织结构,在里面新建一个顶层例化文件 ar2000_eabus.v,新建一个系统结构文件 system_eabus.v,以及再新建一个顶层测试文件 ar2000_eabus_bench.v。

### 9.4.2 system_eabus.v

按照设计,系统将从 Flash 里面启动,所以把异步总线接在 S1 的位置,取代以前实验中 ROM 的位置。

清楚这些问题后,就可以修改代码了。首先,为 system_eabus 添加 I/O 端口;其次,在 SDRAM 控制器 I/O 信号的声明后边加上这些信号的声明,代码如下:

```
//
// EABUS
//
input   [31:0]    eab_dat_pad_i;
output  [31:0]    eab_dat_pad_o;
output  [27:0]    eab_adr_pad_o;
output  [3:0]     eab_dqmn_pad_o;
output            eab_doe_pad_o;
output            eab_wen_pad_o;
output            eab_oen_pad_o;
output  [7:0]     eab_csn_pad_o;
input             eab_waitn_pad_i;
```

再次,添加 wb_eabus 控制器与 Wishbone 互连 IP 连接所需要的信号,代码如下:

```
//
// EABUS mem slave i/f wires
//
```

```
wire    [31:0]   wb_eab_dat_i;
wire    [31:0]   wb_eab_dat_o;
wire    [31:0]   wb_eab_adr_i;
wire    [3:0]    wb_eab_sel_i;
wire             wb_eab_we_i;
wire             wb_eab_cyc_i;
wire             wb_eab_cab_i;
wire             wb_eab_stb_i;
wire             wb_eab_ack_o;
wire             wb_eab_err_o;

//
// EABUS reg slave i/f wires
//
wire    [31:0]   wb_eabr_dat_i;
wire    [31:0]   wb_eabr_dat_o;
wire    [31:0]   wb_eabr_adr_i;
wire    [3:0]    wb_eabr_sel_i;
wire             wb_eabr_we_i;
wire             wb_eabr_cyc_i;
wire             wb_eabr_cab_i;
wire             wb_eabr_stb_i;
wire             wb_eabr_ack_o;
wire             wb_eabr_err_o;
```

最后,是 wb_wabus 的例化和连接工作,和前面一样,这里不给出代码,由读者自己完成。

### 9.4.3  ar2000_eabus.v

修改这个文件很简单,即根据新的 system_eabus 改变以前的例化。首先,在 I/O 声明结束的位置添加 system_eabus 的外部存储器数据总线信号和数据输出使能信号,代码如下:

```
Output  [24:0]   fe_A;
inout   [31:0]   fe_D;
output           flash_OE_n;
output           flash_RW_n;
output           flash_CS1_n;
output           flash_CS2_n;
```

然后,修改例化文件,这里也不给出了。

最后，处理数据总线的片选端口，在文件的最后添加如下代码：

```
wire    [31:0]    eab_dat_pad_o;
wire              eab_doe_pad_o;
wire              eab_oen_pad_o;
wire              eab_wen_pad_o;
wire    [7:0]     eab_csn_pad_o;

assign            fe_D = eab_doe_pad_o ? eab_dat_pad_o : 32'hzzzz_zzzz;
assign            flash_OE_n = eab_oen_pad_o;
assign            flash_RW_n = eab_wen_pad_o;
assign            flash_CS1_n = eab_csn_pad_o[0];
assign            flash_CS2_n = eab_csn_pad_o[1];
```

### 9.4.4　ar2000_eabus_bench.v

相同的方法，在这里添加 ar2000_eabus 的外部存储器 I/O 端口。同时例化给出的 eabus 模型，代码如下：

```
         ⋮
    .fe_A(fe_A),
    .fe_D(fe_D),
    .flash_OE_n(flash_OE_n),
    .flash_RW_n(flash_RW_n),
    .flash_CS1_n(flash_CS1_n),
    .flash_CS2_n(flash_CS2_n)
         ⋮
//
// Instantiation of the FLASH moudle
//
am29lv256m #(
    1'b1,
    "../../../../../model/orpmon.mem"
)am29lv256m_0(
    .A23(fe_A[24]),
    .A22(fe_A[23]),
    .A21(fe_A[22]),
    .A20(fe_A[21]),
    .A19(fe_A[20]),
```

```
.A18(fe_A[19]),
.A17(fe_A[18]),
.A16(fe_A[17]),
.A15(fe_A[16]),
.A14(fe_A[15]),
.A13(fe_A[14]),
.A12(fe_A[13]),
.A11(fe_A[12]),
.A10(fe_A[11]),
.A9 (fe_A[10]),
.A8 (fe_A[9]),
.A7 (fe_A[8]),
.A6 (fe_A[7]),
.A5 (fe_A[6]),
.A4 (fe_A[5]),
.A3 (fe_A[4]),
.A2 (fe_A[3]),
.A1 (fe_A[2]),
.A0 (fe_A[1]),
.DQ15(fe_A[0]),
.DQ14(),
.DQ13(),
.DQ12(),
.DQ11(),
.DQ10(),
.DQ9 (),
.DQ8 (),
.DQ7 (fe_D[7]),
.DQ6 (fe_D[6]),
.DQ5 (fe_D[5]),
.DQ4 (fe_D[4]),
.DQ3 (fe_D[3]),
.DQ2 (fe_D[2]),
.DQ1 (fe_D[1]),
.DQ0 (fe_D[0]),
.CENeg(flash_CS1_n),
.OENeg(flash_OE_n),
.WENeg(flash_RW_n),
.RESETNeg(pld_clear_n),
```

```verilog
        .WPNeg   (1'b1),
        .BYTENeg (1'b0),
        .RY()
        );
am29lv256m am29lv256m_1(
        .A23(fe_A[24]),
        .A22(fe_A[23]),
        .A21(fe_A[22]),
        .A20(fe_A[21]),
        .A19(fe_A[20]),
        .A18(fe_A[19]),
        .A17(fe_A[18]),
        .A16(fe_A[17]),
        .A15(fe_A[16]),
        .A14(fe_A[15]),
        .A13(fe_A[14]),
        .A12(fe_A[13]),
        .A11(fe_A[12]),
        .A10(fe_A[11]),
        .A9 (fe_A[10]),
        .A8 (fe_A[9]),
        .A7 (fe_A[8]),
        .A6 (fe_A[7]),
        .A5 (fe_A[6]),
        .A4 (fe_A[5]),
        .A3 (fe_A[4]),
        .A2 (fe_A[3]),
        .A1 (fe_A[2]),
        .A0 (fe_A[1]),
        .DQ15(fe_A[0]),
        .DQ14(),
        .DQ13(),
        .DQ12(),
        .DQ11(),
        .DQ10(),
        .DQ9 (),
        .DQ8 (),
        .DQ7 (fe_D[7]),
        .DQ6 (fe_D[6]),
```

```
        .DQ5 (fe_D[5]),
        .DQ4 (fe_D[4]),
        .DQ3 (fe_D[3]),
        .DQ2 (fe_D[2]),
        .DQ1 (fe_D[1]),
        .DQ0 (fe_D[0]),
        .CENeg(flash_CS2_n),
        .OENeg(flash_OE_n),
        .WENeg(flash_RW_n),
        .RESETNeg(pld_clear_n),
        .WPNeg  (1'b1),
        .BYTENeg  (1'b0),
        .RY()
        );
```

### 9.4.5 结　构

完成以上修改后,编译修改的文件,将 ar2000_eabus_bench 设置为顶层设计,可以得到如图 9-5 所示的 system_eabus 和 ar2000_eabus_bench 的结构图。从图中可以看出 wb_eabus 已经添加到 system_eabus 中,ar2000_eabus_bench 除了包含 ar2000_eabus 外,还有 am29lv256m 的实例。

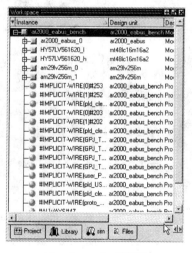  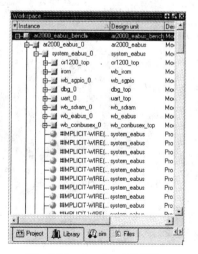

(a) system_eabus结构图　　　　(b) ar2000_eabus_bench结构图

图 9-5　system_eabus 和 ar2000_eabus_bench 结构图

### 9.4.6 编 程

由于系统要从 Flash 启动,为了便于比较,还是以第 5 章中的启动为例,在以前的几个章节中启动的代码都是从 ROM 开始的,在对 Flash 的仿真中,要将 Flash 初始化。*.mem 文件是 Flash 初始化需要的特殊格式的一种文件。它将由 *.bin 文件生成。生成的方法就是使用已经编译好的工具 bin2mem 得到,这个工具有 3 个版本的可执行程序,分别在 Windows、Linux 和 Cygwin 下面。由于主要推荐在 Linux 下操作,所以将 Linux 下的 bin2mem 文件复制到 Linux 下的工程文件夹中,查看它的执行权限,如果不够,则更改权限;然后,执行 ./bin2mem imem_sgpio.bin(以本章为例)将生成一个 memory.mem 文件,然后通过 samba 复制,重命名即可。

### 9.4.7 仿 真

在 Modelsim 中编译修改过的文件以后就可以进行仿真了。新建波形文件,添加 ar2000_eabus_bench.v 中关于外部存储器总线的信号,进行仿真,可以得到读/写波形。仔细观察 PC 指针的变化,由于接的是 8 位 Flash,所以在 Flash 读 4 次以后,CPU 能够得到一个指令。

图 9-6 和图 9-7 是各个局部的波形。

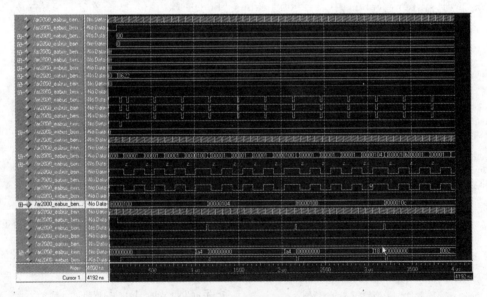

图 9-6 eabus 仿真整体波形

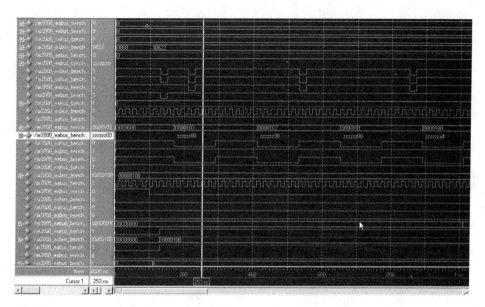

图 9-7　Flash 读 0xf000_0100 地址数据 0xa400_0000 的波形

# 第 10 章

# ORPMon 的功能和实现

## 10.1 C 语言函数接口

### 10.1.1 寄存器使用

OR1200 有 32 个 32 位的通用寄存器,它们在 C 语言函数中的功能和使用情况如表 10-1 所列。

表 10-1 全部通用寄存器在 C 语言中的功能

| 寄存器 | 是否需要保护 | 用 法 | 寄存器 | 是否需要保护 | 用 法 |
| --- | --- | --- | --- | --- | --- |
| R31 | 否 | 暂存寄存器 | R22 | 是 | 调用者需要保护的寄存器 |
| R30 | 是 | 调用者需要保护的寄存器 | R21 | 否 | 暂存寄存器 |
| R29 | 否 | 暂存寄存器 | R20 | 是 | 调用者需要保护的寄存器 |
| R28 | 是 | 调用者需要保护的寄存器 | R19 | 否 | 暂存寄存器 |
| R27 | 否 | 暂存寄存器 | R18 | 是 | 调用者需要保护的寄存器 |
| R26 | 是 | 调用者需要保护的寄存器 | R17 | 否 | 暂存寄存器 |
| R25 | 否 | 暂存寄存器 | R16 | 是 | 调用者需要保护的寄存器 |
| R24 | 是 | 调用者需要保护的寄存器 | R15 | 否 | 暂存寄存器 |
| R23 | 否 | 暂存寄存器 | R14 | 是 | 调用者需要保护的寄存器 |

续表 10-1

| 寄存器 | 是否需要保护 | 用法 | 寄存器 | 是否需要保护 | 用法 |
|---|---|---|---|---|---|
| R13 | 否 | 暂存寄存器 | R6 | 否 | 函数参数 3 |
| R12 | 否 | RVH——64 位返回值的高 32 位 | R5 | 否 | 函数参数 2 |
| R11 | 否 | RV——32 位返回值 | R4 | 否 | 函数参数 1 |
| R10 | 是 | 调用者需要保护的寄存器 | R3 | 否 | 函数参数 0 |
| R9 | 是 | LR——链接地址寄存器 | R2 | 是 | FP——堆栈帧指针 |
| R8 | 否 | 函数参数 5 | R1 | 是 | SP——堆栈指针 |
| R7 | 否 | 函数参数 4 | R0 | — | 固定为 0 |

具有特殊功能的 R0～R12 的使用规则,如表 10-2 所列。

表 10-2  R0～R12 的使用规则

| 寄存器 | 功能 |
|---|---|
| R0[Zero] | 固定为 0。尽管软件可以更改 R0 的值,但是建议不要这样做 |
| R1[SP] | 存储当前堆栈帧的指针。该指针以下的堆栈内容是未定义的,堆栈指针必须是双字对齐的 |
| R2[FP] | 存储前一个堆栈帧的地址。存储前一个堆栈帧的指针,引入的函数参数驻留在前一个堆栈帧中,可以用相对于 FP 的偏移地址访问这个参数 |
| R3～R8 | 6 个函数参数寄存器。第 6 个以后的参数将存储在堆栈中 |
| R9[LR] | 存储函数调用指令的地址,用来计算程序的返回地址 |
| R11[RV] | 函数的返回值。对于返回值为空的函数,这个寄存器是未定义的;如果返回的是联合体或者结构体,存储的是联合体或者结构体的指针 |
| R12[RVH] | 64 位返回值的高 32 位。如果返回的是 32 位数据,可以作为暂存寄存器 |

## 10.1.2  堆栈帧

除了寄存器,每个函数在堆栈中有一个帧,这个堆栈从高地址向下增长。表 10-3 是堆栈帧的组织情况。

堆栈指针永远指向上一个分配的堆栈帧的最后位置,所有的堆栈帧都是双字对齐的,而且高字节为 0。这样设计完全是为了保持与 64 位系统兼容。当前堆栈帧后面的前 2 092 字节保留给不需要改变堆栈指针的函数使用。因此,异常处理句柄必须保证不使用这块区域。

表 10-3 堆栈帧的组织

| 位 置 | 内 容 | 堆栈帧 |
|---|---|---|
| FP+4N | 参数 N | 前一个 |
| ⋮ | ⋮ | |
| FP+0 | 参数 0 | |
| FP-4 | 函数变量 | 当前 |
| FP-8 | | |
| SP+4 | 前一个 FP 的值 | |
| SP+0 | 返回地址 | |
| SP-4<br>SP-2096 | 保留给不需要改变堆栈指针的函数使用 | 下一个 |
| SP-2100<br>SP-2536 | 由异常处理句柄使用 | |

### 10.1.3 参数传递和返回值

函数通过通用寄存器得到前 6 个参数,如果参数多于 6 个,其余的参数通过堆栈获得。结构体和联合体参数作为指针被传递。所有的 64 位参数使用一对寄存器来传递。64 位参数不需要对齐,比如 long long arg1、long long arg2、long long arg3 通过以下方法传递:arg1 在 R3 和 R4 中,arg2 在 R3 和 R5 中,arg3 在 R6 和 R7 中。

对于返回整数、指针或者向量/浮点数的函数,将结果放在 RV 寄存器中,对于返回值为空的函数,不需要处理 RV 寄存器;对于返回值为结构体或联合体的函数,将结构体或联合体的地址放在 RV 寄存器中。

## 10.2 ORPMon 的基本功能及其实现方法

### 10.2.1 ORPMon

ORPMon 是一个符合 ORP 标准的开源程序,其源代码也可以从 OpenCores 的网站上下载。ORPMon 的主要功能是检测硬件,查看、修改和测试特殊功能寄存器和存储空间,烧写 Flash,加载操作系统。由于其体积较小,功能强大,扩展性好,在大多数应用环境中都很容易进行加载和扩展,所以有着广泛的应用。

OpenCores 上原版的 ORPMon 使用串口或者 VGA 终端与用户进行交互,通过以太网使用 TFTP 协议进行数据传输,由于我们目前还没有 VGA 或者 LCD 控制器以及以太网接口,因此将适当修改 ORPMon 对应部分的功能,并且添加如下新功能:

> 查看、修改和测试特殊功能寄存器和存储空间的功能将保留不变;
> 只使用串口与用户进行交互,数据传输则使用 XModem 协议;
> 由于数据传输方式改变,烧写 Flash 的函数也将重写;
> 对于原版还没有完成的操作系统加载功能,将根据情况重写。

以上功能,将在后面的实验中逐步完成,本实验将只针对系统进行有限的修改,实现最基本的特殊功能寄存器和存储空间操作功能。下面先来看看 ORPMon 工作的基本原理以及特殊功能寄存器操作功能的实现方法。

## 10.2.2　ORPMon 基本工作原理

ORPMon 的主函数在 Common 目录的 Common.c 的最后位置,其源代码如下:

```c
int main(int argc, char **argv)
{
  extern unsigned long calc_mycrc32 (void);
  unsigned long t;
#if 1
  extern unsigned long mycrc32, mysize;
#endif

  int_init ();
  change_console_type (CONSOLE_TYPE);
  mtspr(SPR_SR, mfspr(SPR_SR) | SPR_SR_IEE);

#if SELF_CHECK
  printf ("Self check... ");
  if ((t = calc_mycrc32 ()))
      printf ("FAILED!!! \n");
  else
      printf ("OK\n");
#endif  /* SELF_CHECK */

  mon_init ();
```

```
  if (HELP_ENABLED) register_command ("help", "", "shows this help", help_cmd);

#ifdef XESS
  printf ("\nORP - XSV Monitor (type 'help' for help)\n");
#else
  printf ("\nBender Monitor (type 'help' for help)\n");
#endif

  while(1) mon_command();
}
```

在以上代码中,首先是 int_init () 函数初始化中断向量表,然后 change_console_type () 函数将控制台定位在串行口(CONSOLE_TYPE 在 Board.h 文件中被定义为 CT_UART)。

mtspr(SPR_SR, mfspr(SPR_SR) | SPR_SR_IEE)通过操作特殊寄存器 SR 打开异常和中断使能。

calc_mycrc32()函数的功能是对自身的代码进行 crc32 校验,我们在头文件中将注释掉 SELF_CHECK,因此这里不过多介绍它的实现方法。

mon_init ()的功能是初始化全局变量,调用各个子模块的初始化函数。其源代码如下:

```
/* List of all initializations */
void mon_init (void)
{
  /* Set defaults */
  global.erase_method = 2;              /* as needed */
  global.src_addr  = (unsigned long)&src_addr;
  global.dst_addr  = Flash_BASE_ADDR;
  global.eth_add[0] = ETH_MACADDR0;
  global.eth_add[1] = ETH_MACADDR1;
  global.eth_add[2] = ETH_MACADDR2;
  global.eth_add[3] = ETH_MACADDR3;
  global.eth_add[4] = ETH_MACADDR4;
  global.eth_add[5] = ETH_MACADDR5;
  global.ip = BOARD_DEF_IP;
  global.gw_ip = BOARD_DEF_GW;
  global.mask = BOARD_DEF_MASK;

  /* Init modules */
  module_cpu_init ();
  module_memory_init ();
  module_eth_init ();
```

```
    module_dhry_init ();
    module_camera_init ();
    module_load_init ();
    module_touch_init ();
    module_ata_init ();
    module_hdbug_init ();
    tick_init();
}
```

以后添加的其他功能的初始化函数也将添加到这个函数中。register_command()函数的功能是登记一个命令入口,它实际是一个宏定义,其最终定义为:

```
void register_command_func (const char *name, const char *params, const char *help, int (*func)(int argc, char *argv[]))
{
    debug ("register_command '%s'\n", name);
    if (num_commands < MAX_COMMANDS) {
        command[num_commands].name = name;
        command[num_commands].params = params;
        command[num_commands].help = help;
        command[num_commands].func = func;
        num_commands ++ ;
    } else printf ("Command '%s' ignored; MAX_COMMANDS limit reached\n", name);
}
```

这个函数的 4 个参数分别是命令字符串指针、参数说明字符串指针、帮助字符串指针和命令对应处理函数。这个函数将以上这些参数存储到 command 数组中。command 是一个 command_struct 结构的数组,用于存储命令的信息。观察上边的代码,可以看出,在存储命令信息时,直接使用指针赋值的方法,而没有使用字符串复制的方法,因此在使用时必须给字符串分配存储空间。

主函数的最后是循环执行 mon_command(),该函数的功能是在控制台上打印提示符,然后回显用户的输入,根据用户的输入执行相应的命令处理函数。

### 10.2.3 特殊功能寄存器操作

由于特殊功能寄存器不能直接通过 C 语言进行访问,因此在 ORPMon 中,对特殊功能寄存器的操作是通过嵌入式汇编语言实现的。

对特殊功能寄存器的读/写函数的定义如下:

```
/* For writing into SPR */
void mtspr(unsigned long spr, unsigned long value)
{
  asm("l.mtspr\t\t%0,%1,0" : : "r" (spr), "r" (value));
}


/* For reading SPR */
unsigned long mfspr(unsigned long spr)
{
  unsigned long value;
  asm("l.mfspr\t\t%0,%1,0" : "=r" (value) : "r" (spr));
  return value;
}
```

mtspr 的功能是写特殊功能寄存器,参数 spr 存储的是特殊功能寄存器的地址,value 存储的是需要赋的值;mfspr 的功能是读特殊功能寄存器,参数 spr 存储的是特殊功能寄存器的地址,寄存器的值存在返回值中。

asm("l.mtspr\t\t%0,%1,0" : : "r" (spr), "r" (value))和 asm("l.mfspr\t\t%0,%1,0" : "=r" (value) : "r" (spr))的语法可以在 GCC 帮助文档的"Extensions to the C Language Family"部分的"Assembler Instructions with C Expression Operands"中找到。

## 10.3 ORPMon 的移植

将 Source 里的 orpmon 目录复制到 Linux 目录中,执行 distclean,然后执行 make dep,重新建立文件依赖关系,最后针对系统修改源代码和链接文件。

### 10.3.1 源代码

include 目录里的 BOARD.H 文件定义了系统的配置和参数的宏定义,需要修改的宏定义部分包括:

- MC_ENABLED——存储器控制器初始化使能;
- IC_SIZE——指令缓存大小;
- DC_SIZE——数据大小;
- IN_CLK——系统时钟;
- UART_BAUD_RATE——UART 的波特率;

- CRT_ENABLED——CRT 显示使能；
- KBD_ENABLED——键盘使能。

为了添加系统的识别标志，还需要添加一个宏：AR2000。修改后的 BOARD.H 的全部内容如下：

```
#ifndef _BOARD_H_
#define _BOARD_H_
#define CFG_IN_FLASH            1
#define MC_ENABLED              1

//LAN controller
//#define SMC91111_LAN          1
#define OC_LAN                  1

/* BOARD
 * 0——bender
 * 1——marvin
 */
#define BOARD                   2

#if BOARD == 0
// Nibbler on bender1

#define IC_ENABLE               1
#define IC_SIZE                 4096
#define DC_ENABLE               1
#define DC_SIZE                 2048
#define FLASH_BASE_ADDR         0xf0000000
#define FLASH_SIZE              0x02000000
#define FLASH_BLOCK_SIZE        0x00020000
#define START_ADD               0x0
#define CONFIG_OR32_MC_VERSION  2
#define IN_CLK                  25000000
#define BOARD_DEF_NAME          "bender"
// Flash Organization on board
// FLASH_ORG_XX_Y
// where XX——flash bit size
// Y——number of parallel devices connected
#define FLASH_ORG_16_1          1
#elif BOARD == 1
//Marvin
```

```c
#define IC_ENABLE           0
#define IC_SIZE             8192
#define DC_ENABLE           0
#define DC_SIZE             8192
#define FLASH_BASE_ADDR     0xf0000000
#define FLASH_SIZE          0x04000000
#define FLASH_BLOCK_SIZE    0x00040000
#define START_ADD           0x0
#define CONFIG_OR32_MC_VERSION  1
/* #define IN_CLK 100000000 */
#define IN_CLK              50000000
#define FLASH_ORG_16_2      1
#define BOARD_DEF_NAME      "marvin"
#else

//Custom Board
#define IC_ENABLE           0
#define IC_SIZE             8192
#define DC_ENABLE           0
#define DC_SIZE             8192
#define FLASH_BASE_ADDR     0xf0000000
#define FLASH_SIZE          0x02000000
#define FLASH_BLOCK_SIZE    0x00010000
#define START_ADD           0x0
#define CONFIG_OR32_MC_VERSION  3
#define IN_CLK              37000000
#define FLASH_ORG_8_1       1
//#define FLASH_ORG_16_2    1
#define BOARD_DEF_NAME      "AR2000"

#endif

#define UART_BAUD_RATE      115200

#define TICKS_PER_SEC       100

#define STACK_SIZE          0x10000

#if CONFIG_OR32_MC_VERSION == 1
// Marvin, Bender MC
#include "mc-init-1.h"
#elif CONFIG_OR32_MC_VERSION == 2
// Highland MC
```

```c
#include "mc-init-2.h"
#else
//#error "no memory controler chosen"
#endif

#define UART_BASE            0x90000000
#define UART_IRQ             2
#define ETH_BASE             0x92000000
#define ETH_IRQ              4
#define MC_BASE_ADDR         0x93000000
#define SPI_BASE             0xb9000000
#define CRT_BASE_ADDR        0x97000000
#define ATA_BASE_ADDR        0x9e000000
#define KBD_BASE_ADD         0x94000000
#define KBD_IRQ              5

#define SANCHO_BASE_ADD      0x98000000
#define ETH_DATA_BASE        0xa8000000        /* Address for ETH_DATA */
#if 1
#define BOARD_DEF_IP         0x0100002a        /* 1.0.0.42 */
#define BOARD_DEF_MASK       0xffffff00        /* 255.255.255.0 */
#define BOARD_DEF_GW         0x01000001        /* 1.0.0.1 */
#define BOARD_DEF_TBOOT_SRVR "1.0.0.66"
#else
#define BOARD_DEF_IP         0x0aed012a        /* 10.237.1.42 */
#define BOARD_DEF_MASK       0xffffff00        /* 255.255.255.0 */
#define BOARD_DEF_GW         0x0aed0101        /* 10.0.0.1 */
#define BOARD_DEF_TBOOT_SRVR "10.237.1.27"
#endif
#define ETH_MACADDR0         0x00
#define ETH_MACADDR1         0x12
#define ETH_MACADDR2         0x34
#define ETH_MACADDR3         0x56
#define ETH_MACADDR4         0x78
#define ETH_MACADDR5         0x9a

#define CRT_ENABLED          0
#define FB_BASE_ADDR         0xa8000000
```

```
/* Whether online help is available -- saves space */
#define HELP_ENABLED          1

/* Whether self check is enabled */
#define SELF_CHECK            0

/* Whether we have keyboard suppport */
#define KBD_ENABLED           0

/* Keyboard buffer size */
#define KBDBUF_SIZE           256

/* Which console is used (CT_NONE, CT_SIM, CT_UART, CT_CRT) */
#define CONSOLE_TYPE          CT_UART

#endif
```

然后修改common目录里的common.c文件。将下面代码：

```
#ifdef CRT_ENABLED
  case CT_CRT:
#endif
    screen_putc (c);
    break;
```

改为：

```
#ifdef CRT_ENABLED
  case CT_CRT:
    //screen_putc (c);
    break;
#endif
```

将下面代码：

```
/* Init modules */
module_cpu_init ();
module_memory_init ();
module_eth_init ();
module_dhry_init ();
module_camera_init ();
module_load_init ();
module_touch_init ();
module_ata_init ();
module_hdbug_init ();
module_xmodem_init ();
```

全部注释掉，改为：

```
/* Init modules */
module_cpu_init ();
module_memory_init ();
//module_eth_init ();
module_dhry_init ();
//module_camera_init ();
//module_load_init ();
//module_touch_init ();
//module_ata_init ();
//module_hdbug_init ();
module_xmodem_init ();
```

 ## 10.3.2 链接文件

在这个实验中有 2 个链接文件：flash.ld 和原来的链接文件 ram.ld。ram.ld 文件如下（data、mytext、rodata 等块都分配在 ram 中）：

```
MEMORY
    {
    vectors : ORIGIN = 0x00000000, LENGTH = 0x00002000
    ram : ORIGIN = 0x03f02000, LENGTH = 0x00100000 - 0x00002000
    flash : ORIGIN = 0xf0000000, LENGTH = 0x00100000
    }
SECTIONS
{
    .vectors :
    {
    *(.crc)
    *(.vectors)
    } > vectors

    .text :
    {
  _text_begin = .;
    *(.text)
  _text_end = .;
    } > ram
```

```
.mytext :
{
*(.mytext)
_fprog_addr = .;
. += 0x500;
} > ram
    .data :
AT ( ADDR(.text) + SIZEOF(.text) + SIZEOF(.mytext))
    {
     *(.data)
    } > ram
    .rodata :
    {
     *(.rodata)
*(.rodata.*)
    } > ram
    .bss :
    {
     *(.bss)
    } > ram
    .stack :
    {
     *(.stack)
     _src_addr = .;
    } > ram
. = 0xf0000100;
/*.monitor ALIGN(0x40000) :*/
.monitor ALIGN(0x10000) :
{
*(.monitor)
} > flash
/*. += 0x100000;*/
. += 0x000000;
/*.config ALIGN(0x40000) :*/
.config ALIGN(0x10000) :
{
_cfg_start = .;
```

```
        *(.config)
        _cfg_end = .;
    } > flash
```

而作为在从 Flash 启动的代码，各个块相应的都应该 Flash 中：

```
MEMORY
    {
        vectors : ORIGIN = 0x00000000, LENGTH = 0x00002000
        ram : ORIGIN = 0x03e02000, LENGTH = 0x00100000 - 0x00002000
        flash : ORIGIN = 0xf0000000, LENGTH = 0x00100000
    }

SECTIONS
{
    .reset :
    {
        *(.crc)
        *(.reset)
    } > flash

    .text ALIGN(0x04):
    {
        *(.text)
    } > flash

    .rodata :
    {
        *(.rodata)
        *(.rodata.*)
    } > flash

    /* .monitor ALIGN(0x40000) : */
    .monitor ALIGN(0x10000) :
    {
        *(.monitor)
    } > flash

    /* . += 0x100000; */
    . += 0x000000;

    /* .config ALIGN(0x40000) : */
    .config ALIGN(0x10000) :
```

```
{
    _config_end = .;
    *(.config)
} > flash

    /* .dummy ALIGN(0x40000): */
    .dummy ALIGN(0x10000):
    {
    _src_beg = .;
    } > flash

    .vectors :
    AT ( ADDR(.dummy) )
    {
    _vec_start = .;
    *(.vectors)
    _vec_end = .;
    } > vectors

    .data :
    AT ( ADDR(.dummy) + SIZEOF(.vectors) )
    {
    _dst_beg = .;
    *(.data)
    _dst_end = .;
    } > ram

    .bss :
    {
    *(.bss)
    } > ram

    .stack :
    {
    *(.stack)
    } > ram

.mytext :
{
_fprog_addr = .;
*(.mytext)
. += 0x500;
```

```
        _src_addr = .;
    } > ram
}
```

## 10.4　ORPMon 的仿真

在 ORPMon 的根目录中执行 make 命令,可得到 orpmon.or32 文件和 orpmon - flash.or32 文件,这些文件就是所需要的目标文件。在 Linux 下运行./bin2mem orpmon - flash.bin 可以生成一个 memory.mem 文件,将该文件拷到 model 中,改名为 orpmon.mem。

新建一个名为 ar2000_orpmon 的工程。按照以前的代码组织结构,在里面新建一个顶层例化文件 ar2000_orpmon.v,新建一个系统结构文件 system_orpmon.v,以及再新建测试文件 ar2000_orpmon_bench.v。

在这个实验中,不需要修改代码,直接用上个实验的代码就可以了,只需将 ar2000_eabus_bench.v 里面 Flash 初始化文件改为 orpmon.mem 即可。新建波形文件,仿真。由于代码较大,所以,仿真时间至少 15 ms。整体的波形如图 10 - 1 所示。

串口的输出 FIFO 大概在 7 ms 附近开始有数据,如图 10 - 2 所示。

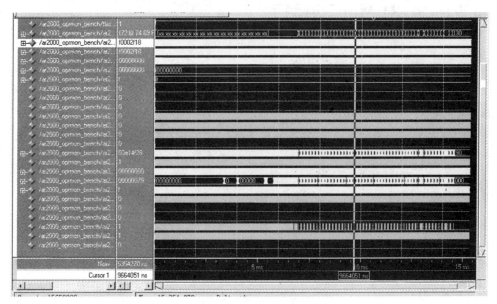

图 10 - 1　系统整体的仿真图

# 开源软核处理器 OpenRisc 的 SOPC 设计

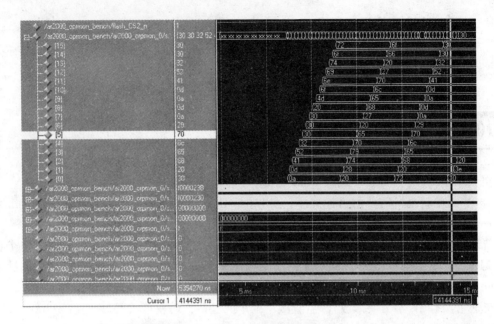

图 10-2　串口数据开始输出

## 10.5　ORPMon 的运行

本书使用的开发板主时钟频率为 36.864 MHz。打开 PC 的 Windows 的超级终端,将波特率设为 115 200。然后运行 Linux 的 JTAG server,打开 GDB,执行以下命令:

```
target jtag jtag://localhost:9999
load
set $ pc = 0x100
c
```

如果没有发生问题,GDB 会显示如下数据:

```
[root@localhost root]# or32-uclinux-gdb
GNU gdb 5.0
Copyright 2000 Free Software Foundation, Inc.
GDB is free software, covered by the GNU General Public License, and you are
welcome to change it and/or distribute copies of it under certain conditions.
Type "show copying" to see the conditions.
There is absolutely no warranty for GDB.  Type "show warranty" for details.
```

```
This GDB was configured as "--host=i686-pc-linux-gnu --target=or32-uclinux".
(gdb) target jatg jtag://localhost:9999
Undefined target command: "jatg jtag://localhost:9999".  Try "help target".
(gdb) target jtag jtag://localhost:9999
Remote or1k debugging using jtag://localhost:9999
0xc in ?? ()
(gdb) load /home/liwei/orpmon/orpmon.or32
Loading section .vectors, size 0x818 lma 0x0
Loading section .text, size 0x5120 lma 0x3f02000
Loading section .data, size 0x18 lma 0x3f07620
Loading section .rodata, size 0xd96 lma 0x3f07638
Start address 0x3f02000 , load size 26342
Transfer rate: 19157 bits/sec, 487 bytes/write.
(gdb) set $pc=0x100
(gdb) c
Continuing.
```

这时切换到超级终端,应该已经可以看到打印的信息。键入 help 命令,超级终端会显示如下数据:

```
AR2000 >
Unknown command. Type 'help' for help.
AR2000 > hlep
Unknown command. Type 'help' for help.
AR2000 > help
ic_enable                                        - enable instruction cache
ic_disable                                       - disable instruction cache
dc_enable                                        - enable data cache
dc_disable                                       - disable data cache
mfspr       < spr_addr >                         - show SPR
mtspr       < spr_addr > < value >               - set SPR
dm          < start addr > [ < end addr > ]      - display 32-bit memory location(s)
pm          < addr > [ < stop_addr > ] < value > - patch 32-bit memory location(s)
ram_test    < start_addr > < stop_addr > [ < test_no > ] - run a simple RAM test
crc         [ < src_addr > [ < length > [ < init_crc > ]]] - Calculates a 32-bit CRC on spe
cified memory region
dhry        [ < num_runs > ]                     - run dhrystone
xdl         [ < dst_addr > ]                     - XModem download
help                                             - shows this help
AR2000 >
```

至此，ORPMon基本功能的移植就完成了。

## 10.6 使用 Flash 运行 ORPMon

上面是使用RAM来运行ORPMon的，单单使用RAM可以进行ORPMon的调试和Flash的烧写，但是无法实现系统的自启动，也就是说在每次系统上电之后必须使用GDB将ORPMon下载到目标系统中。实际使用时显然很不方便，所以需要将ORPMon固化到Flash中。目录中的orpmon-flash.or32文件就是要放到Flash中的文件。通过Altera公司的NiosII IDE软件中的Flash Programmer来烧写Flash，重新上电后会得到和上面一样的效果。

# 第 11 章

# 以太网控制器的结构和 Linux 驱动

## 11.1 以太网的 CSMA/CD 原理和 MII 接口

### 11.1.1 CSMA/CD

载波监听多路访问/冲突检测(Carrier Sense Multiple Access/Collision Detect, CSMA/CD)是一种争用型的介质访问控制协议,输入 IEEE 802.3 规定的标准协议。它起源于美国夏威夷大学开发的 ALOHA 网所采用的争用型协议,并进行了改进,使之具有比 ALOHA 协议更高的介质利用率。CSMA/CD 是一种分布式介质访问控制协议,网中的各个站(节点)都能独立地决定数据帧的发送与接收。每个站在发送数据帧之前,首先要进行载波监听,只有介质空闲时,才允许发送帧。这时,如果两个以上的站同时监听到介质空闲并发送帧,则会产生冲突现象,这使发送的帧都成为无效帧,发送随即宣告失败。每个站必须有能力随时检测冲突是否发生,一旦发生冲突,则应停止发送,以免介质带宽因传送无效帧而被白白浪费,然后随机延时一段时间后,再重新争用介质,重发送帧。CSMA/CD 协议简单、可靠,其网络系统(如 Ethernet)被广泛使用。

### 11.1.2 MII 接口

CSMA/CD 是一个分层协议,其中媒体无关接口(Media Independent Interface, MII)用于实现媒体访问控制器(Media Access Controller, MAC)与物理层收发器(Physical Layer

Transceiver,PHY)之间的接口。MAC 与 PHY 的连接示意图如图 11-1 所示。

MII 接口信号包括 MII 数据接口(MII Data Interface)和 MII 管理接口(MII Management Interface)。MII 数据接口的标准输出/输入信号包括:TX_CLK、TX_EN、TXD<3:0>、TX_ER、RX_CLK、RX_DV、RXD<3:0>、RX_ER、CRS 和 COL,MII 管理接口的标准信号包括:MDC 和 MDIO,各个信号的功能如表 11-1 所列。

表 11-1 MII 接口信号功能

| 信号 | 功能 |
|---|---|
| TX_CLK | 发送时钟 |
| TX_EN | 发送使能 |
| TXD<3:0> | 发送数据,4 位 |
| TX_ER | 发送编码错误 |
| RX_CLK | 接收时钟 |
| RX_DV | 接收数据有效 |
| RXD<3:0> | 接收数据,4 位 |
| RX_ER | 接收错误 |
| CRS | 载波检测 |
| COL | 发生冲突 |
| MDC | MII 管理数据时钟 |
| MDIO | MII 管理数据输入/输出 |

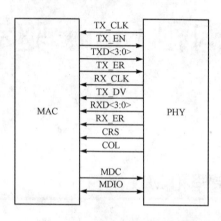

图 11-1 MAC 与 PHY 的连接示意图

MII 使用 CSMA/CD 协议规定的帧格式进行通信,帧格式如表 11-2 所列和图 11-2 所示。由于 MII 的数据是 4 位的,而表 11-2 和图 11-2 中的数据都是 8 位的,所以它们中的数据是把相邻的四位组合成字节得到的。

表 11-2 MII 帧格式

| 字节数 | 符号 | 名称 | 数据 |
|---|---|---|---|
| 7 | SSD | 前导码 | 0x55 |
| 1 | SFD | 帧定界符 | 0x5D |
| 6 | DA | 目的地址 | … |
| 6 | SA | 源地址 | … |
| 2 | FL | 帧长度 | … |
| 46~1500 | D(PDU) | 协议数据单元 | … |
| 4 | FCS | CRC 帧校验序列 | … |

| SSD | SSD | SSD | SFD | DA | DA | SA | SA | FL1 | FL2 | D0 | D1 | Dn | FCS |

图 11-2 MII 帧格式

其中各个字段的功能如下：
- SSD：在定界符之前发送，为使信号电路达到稳定同步状态，需要连续发送 7 个字节的 0x55。
- SFD：1 字节，表示有效帧的开始，其代码为 0x5D。
- DA、SA：各 6 字节，DA 可以是单地址，也可以是多站地址或广播地址；而 SA 只有单地址。
- FL：2 字节，指示协议数据单元 PDU 的长度。
- PDU：要传送的数据。
- FCS：4 字节，32 位的 CRC 校验。

为另外满足 CSMA/CD 协议的要求，数据字段不能过少，因此，对于过少的数据，需要添加若干字节的 PAD(填充)来满足数据字段长度要求，对过短的信息帧需填充。

## 11.1.3 CSMA/CD 的帧接收和发送过程

CSMA/CD 的帧接收过程中，总线上的非发送站点总是处于监听总线状态。当总线上有信号时，则启动帧接收。

对于接收到的帧，要进行如下的帧有效性检查：

① 滤除因冲突而产生的"帧碎片"，即当接收的帧长度小于最小帧长限制时，则认为是不完整的帧而将其丢弃。

② 检查帧的目的地址字段(DA)是否与本站地址相匹配。如果不匹配，则说明不是发送给本站的而将其丢弃。

③ 进行帧的 CRC 校验。如果 CRC 校验有错，则丢弃该帧。

④ 进行帧长度检验。接收到的帧长必须是 8 位的整数倍，否则丢弃。

⑤ 最后，将有效的帧提交给 LLC 子层。

该工作流程如图 11-3 所示。

CSMA/CD 的帧发送流程如下：

① 一个站要发送信息帧，首先要监听总线，以确定介质是否有其他站点正在发送信息。如果介质是空闲的，则可以发送；如果介质是忙碌的，则要继续监听，一直等到介质空闲时方可发送。

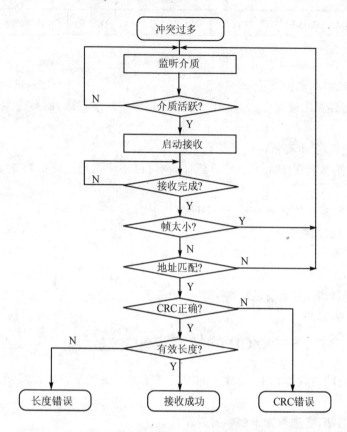

图 11-3　CSMA/CD 的帧接收流程

② 在发送信息帧的同时,还要继续监听总线。一旦监听到冲突发生,便立即停止发送,并向总线发出一串阻塞信号来加强冲突,以便通知总线上各个站点已发生冲突。这样,通道的容量不致因传送已损坏的帧而白白浪费。

③ 冲突发生后,应随机延迟一个时间量,再去争用总线。通常采用的延迟算法是二进制指数退避算法,其算法的过程如下:对于每个帧,当第一次发生冲突时,设置参数 $L=2$。退避时间间隔取 1 到 $L$ 个时间片中的一个随机数。1 个时间片等于 $2a$,$a$ 为信息从始端传输到末端所需时间。每当帧重复发生一次冲突,则将参量 $L$ 加倍。设置一个最大重传次数,如果超过这个次数,则不再重传,并报告出错信息。这个算法是按照后进先出的次序控制的,即未发生冲突或很少发生冲突的帧,具有优先发送的概率。而发生过多次冲突的帧,发送成功的概率反而小。

该工作流程如图 11-4 所示。

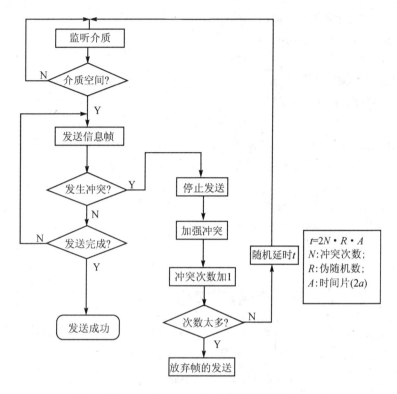

图 11-4 CSMA/CD 的帧发送流程

## 11.2 OpenCores 的以太网控制器

###  11.2.1 以太网控制器简介

OpenCores 的以太网控制器是 MAC 层控制器,它的一端与以太网 PHY 芯片连接,另一端与 Wishbone 总线连接,可以适应各种应用环境。

其特点有:
- 符合 IEEE 802.3 的 MAC 层标准;
- 自动的 32 位 CRC 发生和检测;
- 延时的 CRC 发生功能;
- 帧前导的发生和去除;
- 对于过短的帧,自动添加填充数据;

- 过长或者过短帧的自动检测；
- 允许发送长于标准长度的帧；
- 全双工；
- 支持 10M/100M 模式；
- 自动丢弃超过延时限制的帧；
- 全双工模式时支持流控制和控制帧的自动产生；
- 半双工模式时支持冲突检测和重发；
- 提供接收、发送帧的完整状态信息；
- IEEE 802.3 MII 接口；
- Wishbone 总线 B2 和 B3 兼容接口；
- 内置 RAM，支持 128 个接收、发送描述符；
- 对所有事件都可产生中断。

## 11.2.2 以太网控制器的接口

以太网控制器的接口有 2 个：Wishbone 总线接口和 MII 接口，也就是 PHY 芯片的接口，各接口的信号属性如表 11-3 和表 11-4 所列。

表 11-3 以太网控制器的 Wishbone 接口

| 端口 | 宽度/位 | 方向 | 描述 | 端口 | 宽度/位 | 方向 | 描述 |
| --- | --- | --- | --- | --- | --- | --- | --- |
| CLK_I | 1 | 输入 | 时钟 | ERR_O | 1 | 输出 | 从设备接口错误信号 |
| RST_I | 1 | 输入 | 复位 | INTA_O | 1 | 输出 | 中断输出 |
| ADDR_I | 32 | 输入 | 从设备接口地址总线 | M_ADDR_O | 32 | 输出 | 主设备接口地址总线 |
| DATA_I | 32 | 输入 | 从设备接口输入数据总线 | M_DATA_I | 32 | 输入 | 主设备接口输入数据总线 |
| DATA_O | 32 | 输出 | 从设备接口输出数据总线 | M_DATA_O | 32 | 输出 | 主设备接口输出数据总线 |
| SEL_I | 4 | 输入 | 从设备接口输入选择，必须为 1111b，否则 ERR_O 将被有效 | M_SEL_O | 4 | 输入 | 主设备接口输出选择 |
| | | | | M_WE_O | 1 | 输出 | 主设备接口写信号 |
| WE_I | 1 | 输入 | 从设备接口写信号 | M_STB_O | 1 | 输出 | 主设备接口选通信号 |
| STB_I | 1 | 输入 | 从设备接口选通信号 | M_CYC_O | 1 | 输出 | 主设备接口循环信号 |
| CYC_I | 1 | 输入 | 从设备接口循环信号 | M_ACK_I | 1 | 输入 | 主设备接口应答信号 |
| ACK_O | 1 | 输出 | 从设备接口应答信号 | M_ERR_I | 1 | 输入 | 主设备接口错误信号 |

表 11-4  以太网控制器的 MII 接口

| 端 口 | 宽度/位 | 方 向 | 描 述 | 端 口 | 宽度/位 | 方 向 | 描 述 |
|---|---|---|---|---|---|---|---|
| MTxClk | 1 | 输入 | 发送时钟 | MRxD[3:0] | 4 | 输入 | 接收数据 |
| MTxD[3:0] | 4 | 输出 | 发送数据 | MRxErr | 1 | 输入 | 接收错误 |
| MTxEn | 1 | 输出 | 发送使能 | MColl | 1 | 输入 | 冲突指示 |
| MTxErr | 1 | 输出 | 发送编码错误 | MCrS | 1 | 输入 | 载波检测 |
| MRxClk | 1 | 输入 | 接收时钟 | MDC | 1 | 输出 | 管理时钟 |
| MRxDV | 1 | 输入 | 接收数据有效 | MDIO | 1 | 双向 | 管理数据 |

### 11.2.3  以太网控制器的寄存器

以太网控制器的控制、状态等寄存器通过 Wishbone 从设备接口进行访问,各寄存器的地址、各个位的功能及复位值如表 11-5～表 11-26 所列。

表 11-5  以太网控制器寄存器列表

| 名 称 | 地 址 | 宽度/位 | 访 问 | 描 述 |
|---|---|---|---|---|
| MODER | 0x00 | 32 | 读写 | 模式寄存器 |
| INT_SOURCE | 0x04 | 32 | 读写 | 中断源寄存器 |
| INT_MASK | 0x08 | 32 | 读写 | 中断屏蔽寄存器 |
| IPGT | 0x0C | 32 | 读写 | 连续包包间间隔寄存器 |
| IPGR1 | 0x10 | 32 | 读写 | 非连续包包间间隔寄存器 1 |
| IPGR2 | 0x14 | 32 | 读写 | 非连续包包间间隔寄存器 2 |
| PACKETLEN | 0x18 | 32 | 读写 | 最小、最大帧限制寄存器 |
| COLLCONF | 0x1C | 32 | 读写 | 冲突和重试配置寄存器 |
| TX_BD_NUM | 0x20 | 32 | 读写 | 发送缓冲描述符数量寄存器 |
| CTRLMODER | 0x24 | 32 | 读写 | 控制模块模式寄存器 |
| MIIMODER | 0x28 | 32 | 读写 | MII 模式寄存器 |
| MIICOMMAND | 0x2C | 32 | 读写 | MII 命令寄存器 |
| MIIADDRESS | 0x30 | 32 | 读写 | MII 地址寄存器,存储 PHY 芯片的地址和 PHY 芯片内部寄存器的地址 |
| MIITX_DATA | 0x34 | 32 | 读写 | MII 发送数据寄存器 |

续表 11 - 5

| 名称 | 地址 | 宽度/位 | 访问 | 描述 |
|---|---|---|---|---|
| MIIRX_DATA | 0x38 | 32 | 读写 | MII 接收数据寄存器 |
| MIISTATUS | 0x3C | 32 | 读写 | MII 状态寄存器 |
| MAC_ADDR0 | 0x40 | 32 | 读写 | MAC 物理地址的低 4 字节 |
| MAC_ADDR1 | 0x44 | 32 | 读写 | MAC 物理地址的高 2 字节 |
| ETH_HASH0_ADR | 0x48 | 32 | 读写 | HASH 值 0 寄存器 |
| ETH_HASH1_ADR | 0x4C | 32 | 读写 | HASH 值 1 寄存器 |
| ETH_TXCTRL | 0x50 | 32 | 读写 | 发送控制寄存器 |

表 11 - 6 以太网控制器的模式寄存器

复位值：0x0000A000

| 位 | 访问 | 描述 |
|---|---|---|
| 31~17 | | 保留 |
| 16 | 读写 | RECSMALL：接收小包(及帧)。<br>0——小于 MINFL 的包将被丢弃；<br>1——接收小于 MINFL 的包 |
| 15 | 读写 | PAD：填充使能。<br>0——不对短帧加入填充；<br>1——对短帧加入填充(知道长度等于 MINFL) |
| 14 | 读写 | HUGEN：大包使能(Huge Packets Enable)。<br>0——帧的最大长度是 MAXFL，所有多余的字节都被忽略；<br>1——发送最大 64 KB 的帧 |
| 13 | 读写 | CRCEN：CRC 使能。<br>0——不对发送帧添加 CRC(帧已经包含了 CRC)；<br>1——添加 CRC 到发送帧 |
| 12 | 读写 | DLYCRCEN：延时的 CRC 使能。<br>0——正常操作(SFD 码后 CRC 立刻开始计算)；<br>1——SFD 之后 4 字节以后开始 CRC 计算 |
| 11 | | 保留 |
| 10 | 读写 | FULLD：全双工。<br>0——半双工模式；<br>1——全双工模式 |

续表 11-6

| 位 | 访问 | 描述 |
|---|---|---|
| 9 | 读写 | EXDFREN：超时使能。<br>0——当一个超过超时限制的时候,丢弃该包;<br>1——不确定地等待载波信号 |
| 8 | 读写 | NOBCKOF：不使用补偿算法。<br>0——正常操作(使用二进制幂补偿算法);<br>1——发送时,发生冲突后立刻重新发送 |
| 7 | 读写 | LOOPBCK：回环模式使能。<br>0——正常模式;<br>1——回环模式 |
| 6 | 读写 | IFG：引入帧之间的间隙。<br>0——正常操作(被接收的帧要求 IFG 最小);<br>1——不管 IFG 是多少,所有的帧都被接收 |
| 5 | 读写 | PRO：混杂模式。<br>0——检查收到包的目的地址;<br>1——任何目的地址的包都接收 |
| 4 | 读写 | IAM：惟一地址模式。<br>0——正常操作(检查接收到的帧的物理地址);<br>1——使用惟一的 Hash 表检查所有接收到的物理地址 |
| 3 | 读写 | BRO：广播地址。<br>0——接收所有包含广播地址的帧;<br>1——除非 PRO=1,否则拒绝所有包含广播地址的帧 |
| 2 | 读写 | NOPRE：不使用帧前导。<br>0——正常操作(7 字节帧前导);<br>1——不发送帧前导 |
| 1 | 读写 | TXEN：发送使能。<br>0——禁止发送;<br>1——使能发送 |
| 0 | 读写 | RXEN：接收使能。<br>0——禁止接收;<br>1——使能接收 |

表 11-7 以太网控制器的中断源寄存器

复位值：0x00000000

| 位 | 访问 | 描述 |
|---|---|---|
| 31~7 | | 保留 |
| 6 | 读写 | RXC：接收到控制帧。<br>该位指示接收到一个控制帧。写 1 清零。RXFLOW 位（CTRLMODER 寄存器）必须设为 1 以设置该位 |
| 5 | 读写 | TXC：发送控制帧。<br>该位指示发送了一个控制帧。写 1 清零。TXFLOW 位（CTRLMODER 寄存器）必须设为 1 以设置该位 |
| 4 | 读写 | BUSY：忙。<br>该位指示由于缺少缓冲区，接收到一个包并被丢弃了。写 1 清零。该位不受接收或者发送缓冲描述符里的 IRQ 位的影响 |
| 3 | 读写 | RXE：接收错误。<br>该位指示接收数据时发生错误。写 1 清零。该位只有在接收缓冲区描述符的 IRQ 位被设置时才可能出现 |
| 2 | 读写 | RXB：接收到帧。<br>该位指示接收到一个帧。写 1 清零。该位只有在接收缓冲区描述符的 IRQ 位被设置时才可能出现。如果接收到的是控制帧，RXC 被设置而 RXB 不会被设置 |
| 1 | 读写 | TXE：发送错误。<br>该位指示由于发送错误，一个缓冲的数据没有被发送。写 1 清零。该位只有在发送缓冲区描述符的 IRQ 位被设置时才可能出现。如果接收到的是控制帧，RXC 被设置而 RXB 不会被设置 |
| 0 | 读写 | TXB：发送缓冲数据。<br>该位指示一个缓冲的数据被发送。写 1 清零。该位只有在发送缓冲区描述符的 IRQ 位被设置时才可能出现 |

### 表 11-8 以太网控制器的中断屏蔽寄存器

复位值:0x00000000

| 位 | 访问 | 描述 | 位 | 访问 | 描述 |
| --- | --- | --- | --- | --- | --- |
| 31~7 | | 保留 | 3 | 读写 | RXE_M：使能接收错误中断。<br>0——屏蔽；<br>1——不屏蔽 |
| 6 | 读写 | RXC_M：使能接收控制帧中断。<br>0——屏蔽；<br>1——不屏蔽 | 2 | 读写 | RXF_M：使能接收中断。<br>0——屏蔽；<br>1——不屏蔽 |
| 5 | 读写 | TXC_M：使能发送控制帧中断。<br>0——屏蔽；<br>1——不屏蔽 | 1 | 读写 | TXE_M：使能发送错误中断。<br>0——屏蔽；<br>1——不屏蔽 |
| 4 | 读写 | BUSY_M：使能忙中断。<br>0——屏蔽；<br>1——不屏蔽 | 0 | 读写 | TXB_M：使能发送中断。<br>0——屏蔽；<br>1——不屏蔽 |

### 表 11-9 以太网控制器的连续包包间间隔寄存器

复位值:0x00000012

| 位 | 访问 | 描述 |
| --- | --- | --- |
| 31~7 | | 保留 |
| 6~0 | 读写 | IPGT：连续包间间隔。<br>全双工：建议值 0x15（100M 时 IPG 大约为 0.96 $\mu s$，10M 时 IPG 大约为 9.6 $\mu s$）。该寄存器的理想值是位元周期减 6<br>半双工：建议值 0x15（100M 时 IPG 大约为 0.96 $\mu s$，10M 时 IPG 大约为 9.6 $\mu s$）。该寄存器的理想值是位元周期减 3 |

### 表 11-10 以太网控制器的非连续包包间间隔寄存器 1

复位值:0x0000000C

| 位 | 访问 | 描述 |
| --- | --- | --- |
| 31~7 | | 保留 |
| 6~0 | 读写 | IPGR1：非连续包包间间隔 1。<br>当在 IPGR1 窗口内检测到一个载波时，发送延时并且 IPGR 计数器复位；当在 IPGR1 窗口后检测到一个载波时，IPGR 计数器继续计数。该寄存器的建议值是 0xC。这个值必须在[0,IPGR2]范围内 |

表 11-11 以太网控制器的非连续包包间间隔寄存器 2

复位值：0x00000012

| 位 | 访问 | 描述 |
|---|---|---|
| 31～7 | | 保留 |
| 6～0 | 读写 | IPGR2：非连续包包间间隔 2。<br>建议和默认值是 0x12，100M 时 IPG 大约为 0.96 μs，10M 时 IPG 大约为 9.6 μs |

表 11-12 以太网控制器的包长度寄存器

复位值：0x00400600

| 位 | 访问 | 描述 |
|---|---|---|
| 31～16 | 读写 | MINFL：最小帧长度以太网包的最小长度是 64 字节。<br>如果需要接收更小的包，有效 MODER 寄存器的 RECSMALL 位或者改变 MINFL 的值；要发送小包，有效 MODER 寄存器的 PAD 位或者改变该寄存器的值 |
| 15～0 | 读写 | MAXFL：最大帧长度以太网包的最大长度是 1518 字节。<br>要得到附加的空间，默认的最大包长度是 1536 字节。如果需要支持更大的包，可以有效 MODER 寄存器的 HUGEN 位或者增大 MAXFL 的值 |

表 11-13 以太网控制器的冲突配置寄存器

复位值：0x000F003f

| 位 | 访问 | 描述 |
|---|---|---|
| 31～20 | | 保留 |
| 19～16 | 读写 | MAXRET：最大重试次数。<br>该域指定检测到冲突以后的最大连续重试次数。当达到最大测试时，控制器会报告一个错误并停止发送当前包。根据以太网标准，MAXRET 默认值是 0xf |
| 15～6 | | 保留 |
| 5～0 | 读写 | COLLVALID：冲突有效。<br>该域指定一个冲突时间窗口。晚于时间窗口的冲突将被报告为 Late Collisions，并且停止发送当前包。COLLVALID 默认值是 0x3f |

表 11-14 以太网控制器的发送缓冲描述符数量寄存器

复位值：0x00000040

| 位 | 访问 | 描述 |
|---|---|---|
| 31～8 | | 保留 |
| 7～0 | 读写 | 发送缓冲描述符数量。接收缓冲描述符与发送缓冲描述符数量之和为 0x80，发送缓冲描述符数量的最大值为 0x80。大于 0x80 的值无法写入该寄存器 |

### 表 11-15 以太网控制器的控制模块模式寄存器

复位值：0x00000000

| 位 | 访问 | 描述 |
|---|---|---|
| 31~3 | | 保留 |
| 2 | 读写 | TXFLOW：发送流控制。<br>0——阻塞暂停控制帧。<br>1——允许发送暂停控制帧。该位使能 INT_SOURCE 寄存器的 TXC 位 |
| 1 | 读写 | RXFLOW：接收流控制。<br>0——忽略暂停控制帧。<br>1——当收到暂停控制帧时，停止发送功能。该位使能 INT_SOURCE 寄存器的 RXC 位 |
| 0 | 读写 | PASSALL：传递所有接收帧。<br>0——控制帧不传递到主机。必须设置 RXFLOW 位以使用暂停控制帧。<br>1——传递所有接收帧到主机 |

### 表 11-16 以太网控制器的 MII 模式寄存器

复位值：0x 00000064

| 位 | 访问 | 描述 |
|---|---|---|
| 31~9 | | 保留 |
| 8 | 读写 | MIINOPRE：无帧前导。<br>0——发送 32 位的帧前导。<br>1——不发送前导 |
| 7~0 | 读写 | CLKDIV：时钟分频器。<br>该域是主机时钟的分频因数。主机时钟可以被大于 1 的偶数分频，默认值是 0x64 |

### 表 11-17 以太网控制器的 MII 命令寄存器

复位值：0x00000000

| 位 | 访问 | 描述 |
|---|---|---|
| 31~3 | | 保留 |
| 2 | 读写 | WCTRLDATA：写控制数据 |
| 1 | 读写 | RSTAT：读状态 |
| 0 | 读写 | SCANSTAT：检测状态 |

### 表 11-18 以太网控制器的 MII 地址寄存器

复位值：0x00000000

| 位 | 访问 | 描述 |
|---|---|---|
| 31~13 | | 保留 |
| 12~8 | 读写 | RGAD：寄存器地址 |
| 7~5 | | 保留 |
| 4~0 | 读写 | FIAD：PHY 芯片地址 |

表 11-19 以太网控制器的 MII 发送数据寄存器

复位值：0x00000000

| 位 | 访问 | 描述 |
|---|---|---|
| 31~16 |  | 保留 |
| 15~0 | 读写 | CTRLDATA：控制数据 |

表 11-20 以太网控制器的 MII 接收数据寄存器

复位值：0x00000000

| 位 | 访问 | 描述 |
|---|---|---|
| 31~16 |  | 保留 |
| 15~0 | 只读 | PRSD：接收的数据 |

表 11-21 以太网控制器的 MII 状态寄存器

复位值：0x00000000

| 位 | 访问 | 描述 |
|---|---|---|
| 31~3 |  | 保留 |
| 2 | 只读 | NVALID：无效。该位只有在检测状态操作时有意义。<br>0——MSTATUS 寄存器的数据有效；<br>1——MSTATUS 寄存器的数据无效 |
| 1 | 只读 | BUSY：<br>0——MII 空闲；<br>1——MII 忙 |
| 0 | 只读 | LINKFAIL：<br>0——连接成功；<br>1——连接失败 |

表 11-22 以太网控制器的 MAC 物理地址的低 4 字节

复位值：0x00000000

| 位 | 访问 | 描述 |
|---|---|---|
| 31~24 | 读写 | MAC 的第 2 字节 |
| 23~16 | 读写 | MAC 的第 3 字节 |
| 15~8 | 读写 | MAC 的第 4 字节 |
| 7~0 | 读写 | MAC 的第 5 字节 |

表 11-23 以太网控制器的 MAC 物理地址的高 2 字节

复位值：0x00000000

| 位 | 访问 | 描述 |
|---|---|---|
| 31~16 |  | 保留 |
| 15~8 | 读写 | MAC 的第 0 字节 |
| 7~0 | 读写 | MAC 的第 1 字节 |

表 11-24 以太网控制器的 HASH 值 0 寄存器

复位值：0x00000000

| 位 | 访问 | 描述 |
|---|---|---|
| 31~0 | 读写 | Hash 值 0 |

表 11-25 以太网控制器的 HASH 值 1 寄存器

复位值：0x00000000

| Bit # | 访问 | 描述 |
|---|---|---|
| 31~0 | 读写 | Hash 值 1 |

表 11-26　以太网控制器的发送控制寄存器

复位值：0x00000000

| 位 | 访问 | 描述 |
|---|---|---|
| 31～17 | | 保留 |
| 16 | 读写 | TXPAUSERQ：需要发送暂停控制帧。向该位写1开始发送控制帧，发送完毕自动清零 |
| 15～0 | 读写 | TXPAUSETV：发送暂停时间。暂停控制帧的数值 |

### 11.2.4　缓冲描述符

发送和接收操作都是基于缓冲描述符的，其中发送缓冲描述符用于发送，接收缓冲描述符用于接收。缓冲描述符的长度是 64 位，前 32 位保存长度和状态，后 32 位保存需要发送或接收数据的缓冲区的指针。以太网内核有一个可以容纳 128 个缓冲描述符的内部 RAM。

内部 RAM 使用 0x400～0x7ff 空间保存所有的缓冲描述符。发送缓冲描述符位于起始地址和起始地址加上 TX_BD_NUM 寄存器数值乘以 8 的地址空间内。接收缓冲描述符位于发送缓冲描述符地址空间后面至 0x7ff 之间。一旦发送或者接收操作完成，发送和接收的状态将被写入对应的缓冲描述符。

发送和接收缓冲描述符的前 32 位的格式如表 11-27 和表 11-28 所列。

表 11-27　发送缓冲描述符的前 32 位

| 位 | 访问 | 描述 |
|---|---|---|
| 31～16 | 读写 | LEN：长度。<br>　　缓冲区的长度 |
| 15 | 读写 | RD：发送缓冲描述符准备好。<br>　　0——对应的缓冲区没有准备好，此时可以操作缓冲区，对应的缓冲区的数据发送完毕或发生错误以后，该位被自动清零<br>　　1——缓冲区数据准备完毕或者正在发送过程中，此时不能操作缓冲区 |
| 14 | 读写 | IRQ：中断使能。<br>　　0——发送完毕不产生中断<br>　　1——发送完毕或者发生错误产生中断 |
| 13 | 读写 | WR：缓冲描述符表的结束。<br>　　0——该缓冲描述符不是缓冲描述符表的最后一个缓冲描述符。<br>　　1——该缓冲描述符是缓冲描述符表的最后一个缓冲描述符。使用过该缓冲描述符后，将使用缓冲描述符表中的第一个缓冲描述符 |

续表 11-27

| 位 | 访问 | 描述 |
|---|---|---|
| 12 | 读写 | PAD：填充使能。<br>0——不向短数据包的结尾添加填充字符。<br>1——向短数据包的结尾添加填充字符 |
| 11 | 读写 | CRC：使能 CRC 校验。<br>0——不在包的结尾添加 CRC 校验。<br>1——在包的结尾添加 CRC 校验 |
| 10~9 | 读写 | 保留 |
| 8 | 读写 | UR：缓冲欠载。发送过程中发生缓冲欠载 |
| 7~4 | 读写 | RTRY：重试次数。该数据帧在成功发送之前重试的次数 |
| 3 | 读写 | RL：重发限制。发送失败时该位置位 |
| 2 | 读写 | LC：延迟冲突。发送过程中发生延迟冲突,此时发送过程停止并且置该位 |
| 1 | 读写 | DF：延迟指示。在成功发送之前发生过延迟发送,比如由于线路忙而等待载波信号。它不是冲突指示 |
| 0 | 读写 | CS：载波检测丢失。在发送过程中载波检测发生丢失 |

表 11-28  接收缓冲描述符的前 32 位

| 位 | 访问 | 描述 |
|---|---|---|
| 31~16 | 读写 | LEN：缓冲区的长度 |
| 15 | 读写 | E：空标志。<br>0——缓冲描述符对应的缓冲区已经填充了数据或发生了错误;此时内核可以读/写缓冲描述符。<br>1——缓冲描述符对应的缓冲区是空的或正在接收数据 |
| 14 | 读写 | IRQ：中断使能。<br>0——接收完毕后不产生中断。<br>1——接收完数据,产生一个 RXF 中断 |
| 13 | 读写 | WR：Wrap。<br>0——该缓冲描述符不是缓冲描述符表的最后一个。<br>1——该缓冲描述符是缓冲描述符表的最后一个,使用过该缓冲描述符后,将使用缓冲描述符表中的第一个缓冲描述符 |
| 12~9 | 读写 | 保留 |

续表 11-28

| 位 | 访问 | 描述 |
|---|---|---|
| 8 | 读写 | CF：控制帧。<br>0——接收到的是正常数据。<br>1——接收到的是控制帧 |
| 7 | 读写 | M：命中标志。<br>0——接收到的帧的地址正确。<br>1——混杂模式时接收到地址不正确的帧 |
| 6 | 读写 | OR：缓冲欠载。接收过程中发生缓冲欠载 |
| 5 | 读写 | IS：无效符号。<br>当接收到 PHY 检测到无效符号时置该位 |
| 4 | 读写 | DN：非对齐位元。<br>当接收到的帧不能被 8 整除时置该位 |
| 3 | 读写 | TL：包过长。<br>当接收到过长的帧时置该位 |
| 2 | 读写 | SF：包过短。当接收到过短的帧时置该位 |
| 1 | 读写 | CRC：CRC 校验错误。接收到的帧的 CRC 校验出错 |
| 0 | 读写 | LC：延迟冲突。接收帧的过程中发生延迟冲突时置该位 |

## 11.3 以太网控制器的内部结构

### 11.3.1 控制器总体结构

以太网控制器使用 Verilog 语言描述，顶层文件是 eth_top.v，由 eth_miim.v、eth_registers.v、eth_maccontrol.v、eth_txethmac.v、eth_rxethmac.v、eth_wishbone.v、eth_macstatus.v 以及一些同步处理、多路选择和寄存器输出逻辑组成，以太网控制器结构框图如图 11-5 所示。

### 11.3.2 MII 管理模块

MII 管理模块 eth_miim.v 用来实现对 PHY 控制器的设置和状态的读取，包括时钟信号 MDC 和数据信号 MDIO。它由 eth_clockgen.v、eth_shiftreg.v、eth_outputcontrol.v 以及一些附加逻辑组成。附加逻辑用来产生如下信号：

开源软核处理器 OpenRisc 的 SOPC 设计

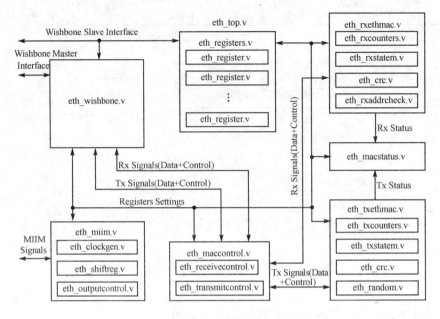

图 11-5 以太网控制器结构框图

- 对写（WriteDataOp）、读（ReadStatusOp）和扫描（ScanStatusOp）操作的同步请求；
- 更新 MIIRX_DATA 寄存器需要的 UpdateMIIRX_DATAReg；
- 计数器（BitCounter）；
- 数据（ByteSelect[3:0]）移出时使用的字节选择信号；
- 锁存输入数据（LatchByte[1:0]）所需要的信号。

eth_outputcontrol 模块有 3 个功能：产生 MII 串行输出信号 Mdo、产生输出使能信号 MdoEn 和产生 MII 的前导数据。

eth_clockgen 模块的功能是产生 MII 时钟信号 Mdc 和时钟使能信号 MdcEn。Mdc 通过根据 MIIMODER 寄存器对主时钟信号进行分频得到。

eth_shiftreg 模块的功能是将要发送到 PHY 的数据串行化并暂存。产生"连接失败"信号（MIISTATUS 的位 0）。

###  11.3.3 接收模块

eth_rxethmac 模块控制数据的接收。外部的 PHY 芯片从物理层接收串行数据，组合成位元数据并将数据和数据有效信号通过 MRxD[3:0]和 MRxDV 发送到接收模块。接收模块将数据组合成字节，并且将数据和一些标记开始和结束的信号发送到 Wishbone 接口模块。接收模块还去除帧前导和 CRC 校验码。

接收模块由 4 个子模块组成：
- eth_crc：CRC 模块；
- eth_rxaddrcheck：地址辨识模块；
- eth_rxcounters：包接收需要的各种计数器；
- eth_rxstatem：接收模块的状态机。

除以上子模块外，eth_rxethmac 模块还包含以下逻辑：
- 产生地址识别系统中使用的 CrcHash 值和 CrcHashGood 标记；
- 锁存从 PHY 芯片接收的数据；
- 产生 Broadcast 和 Multicast 标记；
- 产生标记有效数据的 RxValid、RxStartFrm、RxEndFrm 信号。

eth_crc 模块用于判断接收到的包的 CRC 校验码是否正确。CRC 模块还用来产生发送模块需要的 CRC 校验码。

eth_rxaddrcheck 模块决定一个包是否被接收。内核接收所有目的地址的包，然后在该模块内检查目的地址。是否接收由以下条件决定：
- 如果 MODER 寄存器的 r_Pro 位置位（混杂模式），那么所有的帧都将被接收，而不论其目的地址是什么。如果这一位没有置位，那么检查目的地址；
- 如果 MODER 寄存器的 r_Bro 位置位而 r_Pro 位没有置位，那么所有包含广播地址的帧都将被丢弃；
- MAC 信号是内核的 MAC 地址，当 r_Pro 没有置位时，每一个目的地址都会与 MAC 地址比较，只有两个地址相同的帧才会被接收；
- 当 r_Iam 置位时，除了检查 MAC 地址，还使用 Hash 表算法。控制器将 48 位地址映射为 64 位，如果这个 64 位地址与 HASH0 和 HASH1 寄存器中的地址相同，帧就会被接收。

在接收过程中，帧接收开始不受目的地址的影响，直到接收到目的地址，才进行以上各种情况的判断。如果地址不匹配，这个包的接收就停止，并且 RxAbort 置位，包不会被写入内存，接收缓冲也将被清空。

eth_rxcounters 模块包括 3 个计数器：
- ByteCnt：接收模块使用的通用计数器；
- IFGCounter：用于计算 IFG；
- DlyCrcCnt：延时 CRC 有效时使用。

除了以上计数器外，这个模块内还有一些比较器。

eth_rxstatem 模块仅仅是控制器接收模块的一个状态机，该状态机有 6 个状态：
- Idle state；
- Drop state；

- Preamble state;
- SFD (standard frame delimiter) state;
- Data0 state;
- Data1 state。

系统复位后，状态机进入 Drop 状态，然后由于 MRxDV 被设为 0，立刻进入 Idle 状态。一旦 PHY 的数据线上有了数据（MExD），MRxDV 将被设为 1。一般情况下，接收器等待包的帧前导（Preamble）。7 字节的前导过后是帧开始分节符（SFD）。由于控制器还可以接收没有 7 个前导字节的帧，所以状态机等待第一个是 0x5 的位元数据。如果接收到的数据不是期待的数据，状态机会进入 Preamble 状态，直到接收到 0x5。一旦接收到 0x5，状态机进入 SFD 状态，等待 0xd 数据。

然后，根据 IFGCounterEq24 信号，状态机可能进入 2 个状态：

- 如果 IFGCounterEq24 置位，状态机进入 Data0 状态，接收低半字节的位元，然后进入 Data1 状态，接收高半字节的位元数据，此后状态机再进入 Data0 状态。状态机按照以上规律循环，直到接收完整个包，并且检测到包的结尾。一旦 MRxDV 复位，状态机进入 Idle 状态，等待下一个包。
- 如果 IFGCounterEq24 复位，状态机进入 drop 状态直到接收完有效数据，然后进入 Idle 状态，等待下一个包。

IFGCounterEq24 信号用来检测连续两个包之间的间隔是否正常。标准情况下，间隔在 100M 模式下是 960 ns，在 10M 模式下是 9 600 ns。如果间隔正常（等于或大于这个时间），IFGCounterEq24 将置位。如果 MODER 寄存器的 IFG 置位（不检查最小间隔时间），IFGCounterEq24 也将置位。如果间隔太小，帧将被丢弃。

###  11.3.4 发送模块

eth_txethmac 模块负责发送数据。发送模块从 Wishbone 接口模块以字节的形式获得需要发送的数据，以及标记帧开始（TxStartFrm）和帧结束（TxEndFrm）的符号。一旦发送模块需要下一个数据，它将设置 TxUsedData，然后 Wishbone 接口模块将提供下一个字节的数据。

发送模块由 4 个子模块组成：

① eth_crc：根据数据计算 32 位的 CRC 校验码；
② eth_random：产生发生冲突后所需要的随机等待时间；
③ eth_txcounters：发送所需要的各种计数器；
④ eth_txstatem：发送状态机。

每一次发送都会以下面几种方式之一结束：

① 发送成功结束，TxDone 信号置位；

② 发生冲突（半双工模式），需要重新发送，TxRetry 信号置位；

③ 由于包过大、缓冲欠载、延迟冲突或到达最大冲突次数限制，导致发送失败，TxAbort 信号置位。

除了以上信号外，发送模块还有以下几个主要信号：

① WillTransmit：通知接收模块将开始发送，接收将停止，直到 WillTransmit 复位；

② ResetCollision：冲突复位信号，用来复位同步触发器；

③ ColWindow：冲突窗口，规定有效冲突，晚于冲突窗口的冲突都将视为延迟冲突；

④ RetryCnt：重试计数器；

⑤ eth_crc：与发送模块中的 eth_crc 相同，用于产生发送所需要的 CRC 校验码；

⑥ eth_random：使用二进制指数算法计算发生冲突后再次发送之前需要等待的随即机时时间。

eth_txcounters 模块包括 3 个计数器：DlyCrcCnt、NibCnt 和 ByteCnt。DlyCrcCnt 用于 CRC 计算，NibCnt 和 ByteCnt 用于计算位元的数量。

eth_txstatem 模块主要是发送状态机，这个状态机有 11 个状态：Idle、Preamble、Data0、Data1、PAD、FCS、IPG、Jam、Jam_q、BackOff、Defer。

复位之后，状态机先进入 Defer 状态，然后依次进入 IPG 和 Idle。当发送模块没有发送任务时，状态机一直处于 Idle 状态，等待发送任务。Wishbone 接口模块通过设置 TxStartFrm 信号，进行发送请求。TxStartFrm 信号需要有效两个时钟周期，同时第一个需要发送的字节也需要设置，然后状态机进入 Preamble 状态。在 Preamble 状态，MTxEn 有效，通知 PHY 芯片，发送开始。MtxD 信号被设置为 0x05。前导发送完毕后，发送 SFD。然后，状态机进入 Data0 状态，TxUsedData 用于指示 Wishbone 接口模块提供下一个数据字节。低半字节的位元数据发送以后，状态机进入 Data1 状态，发送高半字节数据。状态机在 Data0 和 Data1 之间循环，直到包的结束。当仅剩下一个需要发送的字节时，Wishbone 接口模块设置 TxEndFrm 信号，指示需要发送最后一个字节。此后，状态机可能进入多种状态：

➢ 如果数据长度大于或等于帧的最小长度并且 CRC 校验使能，状态机进入 FCS 状态，为数据添加 32 位的 CRC 校验码。然后状态机依次进入 Defer、IPG 和 Idle 状态，重新等待发送数据。

➢ 如果数据长度大于或等于帧的最小长度但是 CRC 校验没有使能，状态机依次进入 Defer、IPG 和 Idle 状态，重新等待发送数据。

➢ 如果数据长度小于帧的最小长度，但是填充功能被使能，状态机进入 PAD 状态，为数据添加填充数据（0x0），然后状态机依次进入 FCS、Defer、IPG 和 Idle 状态，重新等待发送数据。

➢ 如果数据长度小于帧的最小长度，而且填充功能没有被使能，但是 CRC 校验被使能，状态机依次进入 FCS、Defer、IPG 和 Idle 状态，重新等待发送数据。

> 如果数据长度小于帧的最小长度,而且填充功能和 CRC 校验都没有被使能,状态机依次进入 Defer、IPG 和 Idle 状态,重新等待发送数据。

### 11.3.5 控制模块

当控制器处于 100M 全双工模式时,eth_maccontrol 模块负责数据的流控制。控制模块的由多路选择逻辑和 2 个子模块 eth_transmitcontrol、eth_receivecontrol 组成。流控制通过发送和接收暂停控制帧来实现。

当与 Wishbone 连接的设备无法处理所有接收到的包时,设备需要另外一个发送以太网包的控制器暂停发送。这个要求通过发送暂停控制帧到另外一个发送以太网包的控制器来实现。一旦另外一个发送以太网包的控制器接收到暂停控制帧,它将停止发送数据包。流控制是由 eth_transmitcontrol 模块来实现的。当控制器接收到一个暂停需求时,它在需要的时间内停止发包,这个控制是由 eth_receivecontrol 模块来实现的。

多路选择逻辑用来选择发送操作过程中的数据和控制信号。当发送控制帧时,填充和 CRC 都是自动被使能的。控制模块的数据选择和控制信号示意图如图 11-6 所示。

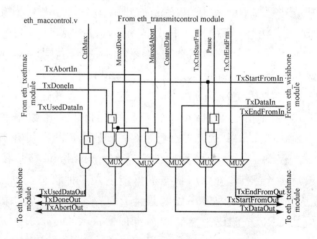

图 11-6 控制模块的数据选择和控制信号

### 11.3.6 状态模块

eth_macstatus 模块负责监视 MAC 控制器的操作。它监视一些条件,并且在每次发送或接收操作完成之后,向缓冲描述符写入状态信息。写入缓冲描述符的状态信息包括:

> LatchedMRxErr:接收错误。该错误指示 PHY 芯片在接收过程中检测到错误。在这

种情况下，放弃帧接收，不报告任何错误。当接收到无效符号，帧仍然被接收，并且在接收缓冲描述符中报告无效符号错误。

- LatchedCrcError：接收 CRC 错误。该错误指示接收到一个带有无效 CRC 校验码的帧。这样的帧通常会被接收，但是在相应的接收缓冲描述符中会报告 CRC 错误。如果接收到的是一个控制帧（暂停帧），暂停时间不会被设置。
- InvalidSymbol：接收到无效符号。该错误指示接收到一个带有无效符号的帧。无效符号由当运行在 100M 模式时的 PHY 芯片报告。
- RxLateCollision：接收延迟冲突。当发生了延迟冲突，帧会被正常接收，在缓冲描述符中报告延迟冲突。
- ShortFrame：接收到短帧。默认情况下短帧被直接丢弃，同时也不会有任何记录信息。如果允许接收短帧，接收缓冲描述符的 SF 位置位。
- ReceivedPacketTooBig：接收到长帧。默认情况下，不接收长帧。如果帧长大于 PACKETLEN 寄存器中指定的长度，接收过程在接收到最大长度的情况下结束。如果允许接收长帧，接收缓冲描述符的 TL 位置位。
- DribbleNibble：位元不对齐。当接收到多余的位元时（帧不是字节对齐的），接收缓冲描述符的 DN 位置位，同时 CRC 错误也会发生。
- RetryCntLatched：发送重试次数。每一帧发送完毕后，重试次数会被写入发送缓冲描述符的 RTRY 域。
- RetryLimit：重试次数限制。当一次发送的重试次数达到 COLLCONF 寄存器中指定的最大值，帧发送会被放弃，发送缓冲描述符的 RL 位置位。
- LateCollLatched：发送延迟冲突。如果发生延迟冲突，发送会被放弃，发送缓冲描述符的 LC 位置位。
- DeferLatched：延迟锁存。当帧在成功发送前被延迟（比如等待线路空闲等），相应的发送缓冲描述符的 DF 位置位。
- CarrierSenseLost：发送载波检测丢失。当发生发送载波检测丢失时，相应的发送缓冲描述符的 CS 位置位。

### 11.3.7 寄存器模块

所有的寄存器都被描述为 32 位，但是只有实际需要的位是被使用的，其他的位都固定为 0。每个寄存器都有 2 个参数：宽度和复位值。

eth_register 模块包含 1 个单独的寄存器，宽度和复位值由 2 个参数 WIDTH 和 RESET_VALUE 确定。

### 11.3.8 Wishbone 接口模块

eth_wishbone 模块有如下功能：
- 实现以太网控制器与其他设备的接口。它使用了 2 个 Wishbone 接口：主设备接口和从设备接口。
- 实现缓冲描述符（使用内部 RAM）。
- 实现接收和发送 FIFO。
- 实现不同时钟域之间的同步逻辑的连接。
- 与发送有关的读取发送缓冲描述符、启动 Wishbone 主设备接口、填充发送 FIFO、启动发送、写相应发送缓冲描述符状态位等。
- 与接收有关的读取接收缓冲描述符，将获得的字符组合成字。然后，写接收缓冲描述符，通过 Wishbone 主设备接口写内存和写相应接收缓冲描述符状态位等。

以太网控制器寄存器和缓冲描述符都是通过相同的 Wishbone 从设备接口进行访问的。寄存器在 eth_registers 模块中，而缓冲描述符在 Wishbone 接口模块的内部。寄存器与缓冲描述符之间的选择是在顶层模块中完成的。因此，所有到达 eth_wishbone 模块的访问都是对缓冲描述符的访问。是否使用寄存器输出的方式可通过 eth_defines.v 中的 ETH_REGISTERED_OUTPUTS 宏定义进行选择。

Wishbone 主设备接口用来访问存储器空间中的缓冲区。由于发送和接收都使用相同的 Wishbone 接口，因此其内部有一个状态机。这个状态机可以选择来自发送或者接收模块的访问（MasterWbTX 和 MasterWbRX 信号）。在状态机中使用的信号包括：MasterWbTX、MasterWbRX、ReadTxDataFromMemory_2、WriteRxDataToMemory、MasterAccessFinished、cyc_cleared、tx_burst、rx_burst。

接收模块接收到来自以太网的数据后，需要将数据存储到内存中时，它使 WriteRxDataToMemory 信号有效。写操作可以立刻开始或延迟开始（由是否有其他操作正在进行、前次访问的类型以及需要访问的数量决定）。当接收模块使用 Wishbone 接口模块时，MasterWbRX 信号置位。

当发送模块需要发送数据时，它从存储器读取数据，使 ReadTxDataFromMemory_2 信号有效。读操作可以立刻开始或延迟开始（由是否有其他操作正在进行、前次访问的类型以及需要访问的数量决定）。当发送模块使用 Wishbone 接口模块时，MasterWbTX 信号置位。

缓冲描述符使用内部的单口 RAM 来实现，有 3 个设备可以访问该 RAM：主机（通过 Wishbone 从设备接口）、发送模块和接收模块。信号的选择使用一个状态机来控制，多路选择由 RxEn_needed 和 TxEn_needed 信号确定，这两个信号分别通知状态机接收模块和发送模块需要访问 RAM 中的缓冲描述符。

复位后,RxBDRead 置位,RxBDReady 复位,这表示需要从 RAM 中读取一个空的缓冲描述符。一个针对 RxBDAddress 地址的读循环开始。如果读取的不是一个空的缓冲描述符,以上循环将会重复;一旦读取的是一个空的缓冲描述符,需要一个与这个缓冲描述符相关的指针,另外一个读取指针的读操作会紧随发生。然后接收模块就没有读取缓冲描述符了,RxPointerRead 和 RxEn_needed 将复位。接收操作将会自动开始。当接收操作完成后,ShiftEnded 信号置位。该信号清空 RxBDReady 信号,导致 RxEn_needed 置位。状态信息将被写入缓冲描述符,地址增 1,然后开始读取下一个缓冲描述符。

发送过程的操作与接收过程基本相同。

读取了发送缓冲描述符后,数据将通过 Wishbone 主设备接口从存储器中读出,存储到发送 FIFO 中。实际的发送从 FIFO 满开始。当 FIFO 中有存储空间时,读取就会进行。

读取了接收缓冲描述符,并且 FIFO 中有接收的数据时,写存储器的操作会立刻开始。接收下一个帧的工作只有在所有的数据都被写到 FIFO 后才会进行。

## 11.4 嵌入式 Linux 简介

Linux 正在嵌入式开发领域稳步发展。因为 Linux 使用 GPL,所以任何对将 Linux 定制于自己特定开发板或 PDA、掌上机、可佩带设备感兴趣的人都可以从因特网免费下载其内核和应用程序,并开始移植或开发。许多 Linux 改良品种迎合了嵌入式市场。它们包括 RTLinux(实时 Linux)、μClinux(用于非 MMU 设备的 Linux)、Montavista Linux(用于 ARM、MIPS、PPC 的 Linux 分发版)、ARM-Linux(ARM 上的 Linux)和其他 Linux 系统。

嵌入式 Linux 的发展比较迅速。NEC、索尼已经在销售个人视频录像机等基于 Linux 的消费类电子产品,飞思卡尔则计划在其未来的大多数手机上使用 Linux,IBM 也制定了在手持机上运行 Linux 的计划。

数年来,"Linux 标准库"组织一直在从事对在服务器上运行的 Linux 进行标准化的工作,现在,嵌入式计算领域也开始了这一工作。嵌入式 Linux 标准吸引了"Linux 标准库"以及 Unix 组织中有益的元素。

虽然大多数 Linux 系统运行在 PC 平台上,但 Linux 也可以作为嵌入式系统的可靠主力。Linux 的安装和管理比 Unix 更加简单灵活,这对于那些 Unix 专家们来说又是一个优点,因为 Linux 中有许多命令和编程接口同传统的 Unix 一样。但是对于习惯于 Windows 操作系统的人来说,需要记忆大量的命令行参数却是一个缺点。随着 Linux 社团的不断努力,Linux 的人机界面开发环境正在不断完善。

典型的 Linux 系统经过打包,在拥有硬盘和大容量内存的 PC 机上运行,嵌入式系统不需要这么高的配置。一个功能完备的 Linux 内核要求大约 1 MB 内存。而 Linux 微内核只占用其中很小一部分内存,包括虚拟内存和所有核心的操作系统功能在内,只需占用系统的约100 KB内存。只要有500 KB的内存,一个有网络栈和基本实用程序的完全的Linux系统就可以在一台8位总线(SX)的Intel386微处理器上运行的很好了。由于内存常常是由需要的应用决定的,比如Web服务器或者SNMP代理,Linux系统甚至可以仅使用256 KB ROM和512 KB RAM进行工作。因此它是一个瞄准嵌入式市场的轻量级操作系统。

与传统的实时操作系统相比(RTOS),采用像嵌入式Linux这样的开放源码的操作系统的另外一个好处是Linux开发团体看来会比RTOS的供应商更快地支持新的IP协议和其他协议。例如,用于Linux的设备驱动程序要比用于商业操作系统的设备驱动程序多,例如网络接口卡(NIC)驱动程序以及并口、串口驱动程序。

核心Linux操作系统本身的微内核体系结构相当简单。网络和文件系统以模块形式置于微内核的上层。驱动程序和其他部件可在运行时作为可加载模块编译或添加到内核。这为构造定制的可嵌入系统提供了高度模块化的构件方法。而在典型情况下该系统需结合定制的驱动程序和应用程序以提供附加功能。

嵌入式系统也常常要求通用功能,为了避免重复劳动,这些功能的实现运用了许多现成的程序和驱动程序,它们可以用于公共外设和应用。Linux可以在外设范围广泛的多数微处理器上运行,并早已经有了现成的应用库。

Linux也很适合用于嵌入式的因特网设备,原因是它支持多处理器系统,该特性使Linux具有伸缩性。因而设计人员可以选择在双处理器系统上运行实时应用,提高整体的处理能力。例如,可以在一个处理器上运行GUI,同时在另一个处理器上运行Linux系统。

在嵌入式系统上运行Linux的一个缺点是,Linux体系提供实时性能需要添加实时软件模块。而这些模块运行的内核空间正是操作系统实现调度策略、硬件中断异常和执行程序的部分。由于这些实时软件模块是在内核空间运行的,因此代码错误可能会破坏操作系统从而影响整个系统的可靠性,这对于实时应用将是一个非常严重缺陷。已经有许多嵌入式Linux系统的示例,可以有把握地说,某种形式的Linux几乎能在任何一台执行代码的计算机上运行。

## 11.5 对Linux进行配置、修改、编译、下载和运行

**1. 安装**

进入Linux的or1k目录,将安装GNU工具链时复制的Linux目录改名为Linux_ori。将linux-2.4.tar.bz2复制到or1k中,执行tar-xjvf linux-2.4.tar.bz2,将Linux解压。

**2. 配置**

进入Linux/Linux-2.4目录,执行:

```
make oldconfig
make dep
make menuconfig
```

会出现如图 11-7 所示的配置主界面。选择第 3 项 Processor type and features（按上下移动键选择项目，按回车键进行选择）。进入图 11-8 所示的界面。

下面，进行内核加载模式的配置。需要更改的是：system clock frequency 设置为 37。系统的内存大小 system memory size 设置为 4000000。去掉 Boot from falsh 和 Enable memory controler initialization。选择 Momory contorler version 模式为 2，然后退出（选择 Exit）。在主界面里选择 Memory Technology Device。进入图 11-9 所示的界面，进行 MTD 的配置界面，去掉选择。退出配置界面保存即可。

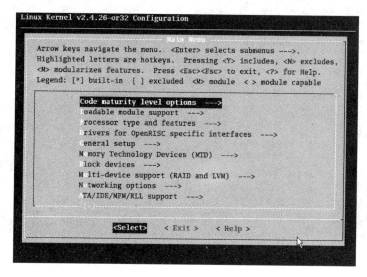

图 11-7　Linux 配置主界面

### 3. 启　动

Linux 的启动有两种方法：一种是从 Flash 启动，另一种是从 RAM 启动。当从 Flash 启动时，要在配置里面选择 Boot from flash。在编译完内核以后利用 IDE 下载 Flash 的零地址，系统将从 Flash 中直接读取数据启动。当从 RAM 启动时，系统需要一个 BootLoader 将 Flash 中的数据拷贝到 RAM 中去。这个 BootLoader 就是下面将介绍的 ORPMon。相对应的内核还要做更改，除了去掉选择 Boot from flash 外还要修改编译的链接文件 vmlinux.lds。

### 4. 编辑文件 vmlinux.lds

编辑文件 vvmlinux.lds，将代码：

```
/* for boot from flash set it to 0xf0000000 */
__offset = 0xf0000000;
```

改为：

```
/* for boot from flash set it to 0xf0000000 */
__offset = 0x00000000;
```

如果从 Flash 启动，则不需要更改，直接为 0xf0000000。

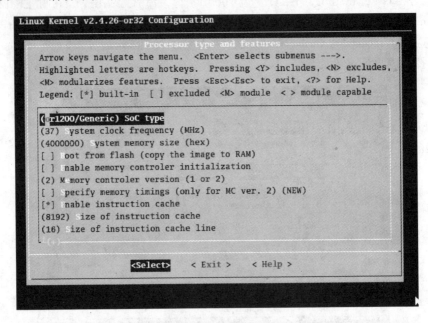

图 11-8　Linux 平台配置界面

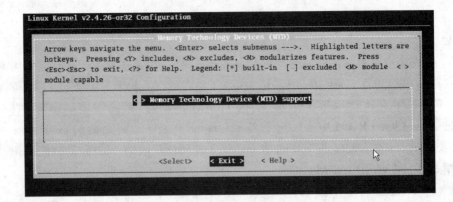

图 11-9　MTD 配置界面

## 5. 编译、下载和运行

进入 Linux/Linux-2.4 目录,执行 make 命令,进行编译,得到文件如图 11-10 所示:

```
-rwxr-xr-x   1 root     root     3800391 Aug 20 13:59  vmlinux
-rwxrwxrwx   1 liwei    liwei    512     2004-04-15    vmlinux-0x200-HEAD.noflash
-rwxr-xr-x   1 root     root     3457024 Aug 20 13:59  vmlinux.bin
-rwxr-xr-x   1 root     root     3457024 Aug 20 13:59  vmlinux-flash.bin
```

图 11-10 make 生成文件

其中只有 vmlinux、vmlinux-flash.bin、vmlinux.bin 文件,是所需要的 Linux 内核。vmlinux 文件是.or32 文件,在利用 GDB 直接下载时需要使用这个文件,vmlinux.bin 文件是从 RAM 启动时需要的文件,vmlinux-flash.bin 是从 Flash 启动时需要的文件。

通过 GDB 只能下载从 RAM 启动相应的 vmlinux 文件。利用 GDB 下载的时间会比较长。通过 GDB 下载 vmlinux 可以看见 Linux 的启动过程如下:

```
Linux version 2.4.26-or32 (root@localhost) (gcc version 3.2.3) #7 Sun Aug 20 13:53:08 CST 2006
Detecting Processor units:
  CPU: or32/OpenRISC-1200, revision 0, @37 MHz, with no shadow registers
  WARNING, using default values!
          (some early revision 0 processors don't have unit present register populated with all
          avaliable units)
  dCACHE: assumed 8192 Kb size, 16 bytes/line, 1 way(s), detected: present
  iCACHE: assumed 8192 Kb size, 16 bytes/line, 1 way(s), detected: present
  dMMU: assumed 64 entries, 1 way(s), detected: present
  iMMU: assumed 64 entries, 1 way(s), detected: present
  debug: unknown (guess yes), detected: N/A
  PerfC: unknown (guess no ), detected: N/A
  PM: unknown (guess yes), detected: N/A
  PIC: unknown (guess yes), detected: N/A
  TIMER: unknown (guess yes), detected: N/A
  CUs: unknown (guess no ), detected: N/A
Setting up paging and PTEs.
write protecting ro sections (0xc0002000 - 0xc018e000)
Setting up identical mapping (0x90000000 - 0x90002000)
Setting up identical mapping (0x92000000 - 0x92002000)
On node 0 totalpages: 8192
zone(0): 8192 pages.
zone(1): 0 pages.
```

```
zone(2): 0 pages.
dtlb_miss_handler c0002438
itlb_miss_handler c0002518
Linux/or32 port 2003 OpenCores
Kernel command line: root=/dev/ram
Calibrating delay loop... 36.65 BogoMIPS
Memory: 61600k/65536k available (1495k kernel code, 3936k reserved, 279k data, 48k init, 0k highmem)
Dentry cache hash table entries: 8192 (order: 3, 65536 bytes)
Inode cache hash table entries: 4096 (order: 2, 32768 bytes)
Mount cache hash table entries: 1024 (order: 0, 8192 bytes)
Buffer cache hash table entries: 2048 (order: 0, 8192 bytes)
Page-cache hash table entries: 8192 (order: 2, 32768 bytes)
POSIX conformance testing by UNIFIX
Linux NET4.0 for Linux 2.4
Based upon Swansea University Computer Society NET3.039
Initializing RT netlink socket
Starting kswapd
Journalled Block Device driver loaded
pty: 256 Unix98 ptys configured
Serial driver version 5.05c (2001-07-08) with no serial options enabled
ttyS00 at 0x90000000 (irq = 2) is a 16550A
open_eth: illegal number of TX buffer descriptors passed (1089081792), using default (if you did not use ethernet before starting linux this is ok)
eth0: Open Ethernet Core Version 1.0
RAMDISK driver initialized: 16 RAM disks of 16384K size 1024 blocksize
PPP generic driver version 2.4.2
PPP Deflate Compression module registered
NET4: Linux TCP/IP 1.0 for NET4.0
IP Protocols: ICMP, UDP, TCP, IGMP
IP: routing cache hash table of 1024 buckets, 8Kbytes
TCP: Hash tables configured (established 8192 bind 16384)
IPv4 over IPv4 tunneling driver
NET4: Unix domain sockets 1.0/SMP for Linux NET4.0.
RAMDISK: ext2 filesystem found at block 0
RAMDISK: Loading 1536 blocks [1 disk] into ram disk... done.
Freeing initrd memory: 1536k freed
VFS: Mounted root (ext2 filesystem) readonly.
Freeing unused kernel memory: 48k freed
```

```
init started: BusyBox v1.00-pre8 (2004.03.27-01:04+0000) multi-call binary
EXT2-fs warning: mounting unchecked fs, running e2fsck is recommended
BusyBox v1.00-pre8 (2004.03.27-01:04+0000) Built-in shell (ash)
Enter 'help' for a list of built-in commands.

marvin:/#
```

## 11.6 使用 ORPMon 启动 Linux

### 11.6.1 设计可以启动 Linux 的 ORPMon

为了让 ORPMon 可以启动 Linux,还必须再给 ORPMon 添加一个命令,这个命令的功能是将 Linux 内核及 ROMFS 文件系统从 Flash 中复制到系统的 0x00000000 位置。具体做法是在 ORPMon 的源代码的 cmds 目录里的 load.c 文件,添加一段代码,内容如下:

```
:
register_command("run", "[<image address>]", "Bootstrap image copied from flash.", run_cmd);
:
run_cmd(int argc, char * argv[])
{
    extern int tx_next;
    extern void eth_end(void);
    unsigned long addr;

    if(argc == 0) {
        images_info();
        return 0;
    }

    addr = strtoul(argv[0],0,0);
    printf("booting...\n");
    copy_and_boot(addr, 0x0, 0x400000, tx_next);
    return 0;
}
:
void copy_and_boot(unsigned long src,
                   unsigned long dst,
                   unsigned long len,
                   int tx_next)
```

开源软核处理器 OpenRisc 的 SOPC 设计

```
{
    __asm__ __volatile__("              ;
        l.addi   r8,r0,0x1              ;
        l.mtspr  r0,r8,0x11             ;
        l.nop                            ;
        l.nop                            ;
        l.nop                            ;
        l.nop                            ;
        l.nop                            ;
2:                                       ;
        l.sfgeu  r4,r5                  ;
        l.bf     1f                      ;
        l.nop                            ;
        l.lwz    r8,0(r3)                ;
        l.sw     0(r4),r8                ;
        l.addi   r3,r3,4                 ;
        l.j      2b                      ;
        l.addi   r4,r4,4                 ;
1:      l.sw     0x0(r0),r6              ;
        l.ori    r8,r0,0x100             ;
        l.jr     r8                      ;
        l.nop");
}
```

修改完毕,然后执行 make 命令,与前一个实验相同,生成 orpmon – flash. bin。利用 IDE 下载运行 ORPMon,然后就可以进行 Linux 的固化操作。

### 11.6.2 固化 Linux

利用 IDE 下载 orpmon – flash. bin 到 Flash 的零地址,利用 IDE 下载 vmlinux. bin 到 Flash 的 1M 地址(即 0x100000)。当相应的 Quartus 工程完成后,就可以看到 Linux 从 Flash 启动的过程。

### 11.7 集成以太网控制器

按照以前的代码组织结构,新建一个顶层例化文件 ar2000_eth.v,在里面新建一个系统结构文件 system_eth.v。

## 11.7.1 system_eth.v

按照 ORP 的规定,以太网控制器需要位于 0x9200_0000~0x92ff_ffff 的地址,结合 Wishbone 互连 IP 的地址分配,以太网控制器的从设备接口应该位于第 5 个从设备的位置。主设备接口没有地址这方面的限制,我们使用第 2 个主设备的位置。

下面,首先为 sys3orp 添加 I/O 端口,需要添加的端口是 eth_tx_er_o、eth_tx_clk_i、eth_tx_en_o、eth_txd_o、eth_rx_er_i、eth_rx_clk_i、eth_rx_dv_i、eth_rxd_i、eth_col_i、eth_crs_i、eth_md_i、eth_mdc_o、eth_md_o、eth_mdoe_o,在 EABUS 的 I/O 信号声明的后边加上这些信号的声明:

```
//
// Ethernet
//
output          eth_tx_er_o;
input           eth_tx_clk_i;
output          eth_tx_en_o;
output  [3:0]   eth_txd_o;
input           eth_rx_er_i;
input           eth_rx_clk_i;
input           eth_rx_dv_i;
input   [3:0]   eth_rxd_i;
input           eth_col_i;
input           eth_crs_i;
input           eth_md_i;
output          eth_mdc_o;
output          eth_md_o;
output          eth_mdoe_o;
```

然后,添加以太网控制器与 Wishbone 互连 IP 连接需要的信号:

```
//
// Ethernet core master i/f wires
//
wire    [31:0]  wb_em_adr_o;
wire    [31:0]  wb_em_dat_i;
wire    [31:0]  wb_em_dat_o;
wire    [3:0]   wb_em_sel_o;
wire            wb_em_we_o;
wire            wb_em_stb_o;
```

```
    wire                wb_em_cyc_o;
    wire                wb_em_cab_o = 1´b0;
    wire                wb_em_ack_i;
    wire                wb_em_err_i;

    //
    // Ethernet core slave i/f wires
    //
    wire    [31:0]      wb_es_dat_i;
    wire    [31:0]      wb_es_dat_o;
    wire    [31:0]      wb_es_adr_i;
    wire    [3:0]       wb_es_sel_i;
    wire                wb_es_we_i;
    wire                wb_es_cyc_i;
    wire                wb_es_cab_i;
    wire                wb_es_stb_i;
    wire                wb_es_ack_o;
    wire                wb_es_err_o;
```

最后,是以太网控制器的例化和连接工作了。这里不给出代码,由读者自己完成。

```
    //assign   pic_ints[`APP_INT_ETH] = 1´b0;
```

☞ **注意**:中断的设置必须注释掉。

###  11.7.2 ar2000_eth.v

对 ar2000_eth.v 文件的修改与前边添加 UART 控制器和 eabus 的方法相同,就是根据新的 system_eth 改变以前的例化。

首先,在 mem_if 有关信号声明的后面添加 MII 管理接口的数据输入、输出和输出使能信号,处理 MII 管理接口数据线的双向端口问题,代码如下:

```
    assign   EP_MDDIS = 1´b0;
    wire     eth_md_o;
    wire     eth_mdoe_o;
    assign   EP_MDIO = eth_mdoe_o ? eth_md_o : 1´bz;
```

然后,修改例化,代码如下:

```
    system_eth system_eth_0 (
        .clk0(proto_CLKOUT0),
        .clk1(),
```

```verilog
.rst(!pld_clear_n),
.sgpio_in  ({20'h00000,user_PB,pld_USER}),
.sgpio_out ({user_LED,hex_1,hex_0}),

.jtag_tdi(GPJ_TDI),
.jtag_tms(GPJ_TMS),
.jtag_tck(GPJ_TCK),
.jtag_trst(GPJ_TRST),
.jtag_tdo(GPJ_TDO),

.uart_txd(serial_TXD1),
.uart_rxd(serial_RXD1),

.sdram_clk_pad_o(sdram_CLK),
.sdram_dat_pad_i(sdram_DQ),
.sdram_dat_pad_o(sdram_dat_pad_o),
.sdram_doe_pad_o(sdram_doe_pad_o),
.sdram_adr_pad_o({sdram_BA,sdram_A}),
.sdram_wen_pad_o(sdram_WE_n),
.sdram_csn_pad_o(sdram_CS_n),
.sdram_dqmn_pad_o(sdram_DQM),
.sdram_ras_pad_o(sdram_RAS_n),
.sdram_cas_pad_o(sdram_CAS_n),
.sdram_cke_pad_o(sdram_CKE),

.eab_dat_pad_i(fe_D),
.eab_dat_pad_o(eab_dat_pad_o),
.eab_adr_pad_o(fe_A),
.eab_dqmn_pad_o(),
.eab_doe_pad_o(eab_doe_pad_o),
.eab_wen_pad_o(eab_wen_pad_o),
.eab_oen_pad_o(eab_oen_pad_o),
.eab_csn_pad_o(eab_csn_pad_o),
.eab_waitn_pad_i(1'b1),

.eth_tx_er_o     (EP_TXER),
.eth_tx_clk_i    (EP_TXCLK),
.eth_tx_en_o     (EP_TXEN),
.eth_txd_o       (EP_TXD),
.eth_rx_er_i     (EP_RXER),
.eth_rx_clk_i    (EP_RXCLK),
.eth_rx_dv_i     (EP_RXDV),
.eth_rxd_i       (EP_RXD),
.eth_col_i       (EP_COL),
```

```
        .eth_crs_i           (EP_CRS),
        .eth_md_i            (EP_MDIO),
        .eth_mdc_o           (EP_MDC),
        .eth_md_o            (eth_md_o),
        .eth_mdoe_o          (eth_mdoe_o)
);
```

###  11.7.3　验证以太网控制器

开发板上的以太网与 PC 机的以太网口连接,综合、布局布线、下载之后,使系统从 Flash 中启动。在前边的实验中,已经把 ORPMon 以及 Linux 文件烧到 Flash 中了,所以系统复位后会进入 ORPMon 中。在 ORPMon 的命令状态下键入 run 0xf0100000,Linux 就启动起来了。至于为什么是 0xf0100000,读者可以考虑一下。

Linux 的启动过程如下:

```
AR2000> run 0xf0100000
booting...
Linux version 2.4.26-or32 (root@localhost) (gcc version 3.2.3) #7 Sun Aug 20 13:53:08 CST 2006
Detecting Processor units:
  CPU: or32/OpenRISC-1200, revision 0, @37 MHz, with no shadow registers warning, using default values!
          (some early revision 0 processors don't have unit present register populated with all
           avaliable units)
  dCACHE: assumed 8192 Kb size, 16 bytes/line, 1 way(s), detected: present
  iCACHE: assumed 8192 Kb size, 16 bytes/line, 1 way(s), detected: present
  dMMU: assumed 64 entries, 1 way(s), detected: present
  iMMU: assumed 64 entries, 1 way(s), detected: present
  debug : unknown (guess yes), detected: N/A
  PerfC: unknown (guess no ), detected: N/A
  PM: unknown (guess yes), detected: N/A
  PIC: unknown (guess yes), detected: N/A
  TIMER: unknown (guess yes), detected: N/A
  CUs: unknown (guess no ), detected: N/A
Setting up paging and PTEs.
write protecting ro sections (0xc0002000 - 0xc018e000)
Setting up identical mapping (0x90000000 - 0x90002000)
Setting up identical mapping (0x92000000 - 0x92002000)
On node 0 totalpages: 8192
```

zone(0): 8192 pages.
zone(1): 0 pages.
zone(2): 0 pages.
dtlb_miss_handler c0002438
itlb_miss_handler c0002518
Linux/or32 port 2003 OpenCores
Kernel command line: root = /dev/ram
Calibrating delay loop... 36.65 BogoMIPS
Memory: 61600k/65536k available (1495k kernel code, 3936k reserved, 279k data, 48k init, 0k highmem)
Dentry cache hash table entries: 8192 (order: 3, 65536 bytes)
Inode cache hash table entries: 4096 (order: 2, 32768 bytes)
Mount cache hash table entries: 1024 (order: 0, 8192 bytes)
Buffer cache hash table entries: 2048 (order: 0, 8192 bytes)
Page-cache hash table entries: 8192 (order: 2, 32768 bytes)
POSIX conformance testing by UNIFIX
Linux NET4.0 for Linux 2.4
Based upon Swansea University Computer Society NET3.039
Initializing RT netlink socket
Starting kswapd
Journalled Block Device driver loaded
pty: 256 Unix98 ptys configured
Serial driver version 5.05c (2001-07-08) with no serial options enabled
ttyS00 at 0x90000000 (irq = 2) is a 16550A
open_eth: illegal number of TX buffer descriptors passed (1089081792), using default (if you did not use ethernet before starting linux this is ok)
eth0: Open Ethernet Core Version 1.0
RAMDISK driver initialized: 16 RAM disks of 16384K size 1024 blocksize
PPP generic driver version 2.4.2
PPP Deflate Compression module registered
NET4: Linux TCP/IP 1.0 for NET4.0
IP Protocols: ICMP, UDP, TCP, IGMP
IP: routing cache hash table of 1024 buckets, 8Kbytes
TCP: Hash tables configured (established 8192 bind 16384)
IPv4 over IPv4 tunneling driver
NET4: Unix domain sockets 1.0/SMP for Linux NET4.0.
RAMDISK: ext2 filesystem found at block 0
RAMDISK: Loading 1536 blocks [1 disk] into ram disk... done.
Freeing initrd memory: 1536k freed
VFS: Mounted root (ext2 filesystem) readonly.
Freeing unused kernel memory: 48k freed

# 开源软核处理器 OpenRisc 的 SOPC 设计

```
init started: BusyBox v1.00 - pre8 (2004.03.27 - 01:04 + 0000) multi - call binary
EXT2 - fs warning: mounting unchecked fs, running e2fsck is recommended

BusyBox v1.00 - pre8 (2004.03.27 - 01:04 + 0000) Built - in shell (ash)
Enter 'help' for a list of built - in commands.

marvin:/# ls
bin           linuxrc        sbin           tel.sh         var
dev           proc           sees.sh        tmp            www
etc           root           tel - loc.sh   usr
marvin:/#
```

然后键入如下命令：

```
marvin:/# ifconfig eth0 192.168.0.241
```

在配置好网络后，打开 IE，在地址栏输入地址，其效果如图 11 – 11 所示。这相当于在开发板上建立了 1 个 Web Server，通过 IE 可以访问这个 Web Server。这也就验证了以太网控制器的正确性。

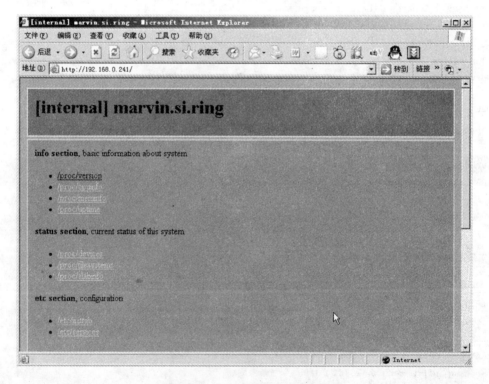

图 11 – 11 Web Server 效果图

# 第 12 章

# LCD 控制器的使用

## 12.1 OpenCores 的 VGA/LCD 控制器

VGA 和 LCD 是现在最为常用的显示手段,尽管 VGA 与 LCD 的内部结构和工作原理完全不同,但是两者都是由主机输出扫描控制和数据信号进行控制的。

VGA 使用的是模拟、数字混合接口,主要信号是红、绿、蓝 3 个模拟信号和行同步(HSYNC)、帧同步(VSYNC)2 个数字信号,其中行同步有时被混合同步(CSYNC)代替。行同步用于发起新一行的扫描,帧同步用于发起新一屏的扫描,混合同步是行同步和帧同步的复合信号。

LCD 接口使用的是完全的数字信号,色彩信息使用并行的数据总线代替模拟信号,根据 LCD 的不同,数据总线所代表的色彩信息和位数不同;除了数据总线以外,还有扫描时钟(CLK)、行同步(HSYNC)、帧同步(VSYNC);行同步和帧同步与 VGA 接口的行同步和帧同步信号功能完全相同,扫描时钟用于将色彩数据送入 LCD。

由于 FPGA 中还无法实现数/模转换功能,所以 VGA 所需的模拟信号需要数/模转换器来完成。由于 VGA 需要的模拟信号的电气特性是标准的,所以通常使用专用的视频 DAC 来实现,这类 DAC 都需要时钟信号来同步数/模转换。因此,对于 FPGA 说,VGA 和 LCD 接口的时序和控制信号是完全相同的。下面介绍 OpenCores 的 VGA/LCD 控制器。

OpenCores 的 VGA/LCD 控制器的特性有:
➢ 可以输出分离的行同步、帧同步和混合同步信号;
➢ 软件可编程扫描时序;

- 软件可编程视频分辨率;
- 软件可编程控制信号有效电平;
- 支持32位、24位、16位彩色模式和8位灰度、8位伪彩色模式;
- 支持色彩查找表的"与或"运算以及分体切换;
- 支持最多2个硬件图标显示;
- 硬件图标显示支持32×32和64×64像素模式;
- 支持Alpha混合3D图标;
- 支持三重显示功能;
- 32位Wishbone兼容主设备和从设备接口。

VGA/LCD控制器的内部结构如图12-1所示。

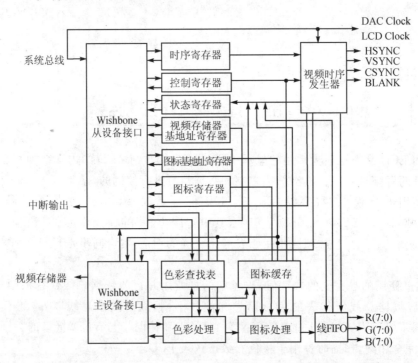

图12-1 VGA/LCD控制器的内部结构

图12-1中,各模块的功能如下:
- Wishbone主设备接口:控制对外部存储器的访问;
- Wishbone从设备接口:控制对内部寄存器的访问;
- 色彩查找表:色彩查找表由2个256位×24位的RAM组成,色彩处理模块使用它将8位的伪色彩数据转换为像素数据;

- 图标基地址寄存器：存储图标数据在外部存储器中的起始地址；
- 图标缓存：存储图片数据；
- 图标处理模块：实现图标的显示；
- 色彩处理模块：针对不同的色彩深度模式，将接收到的像素数据转换为 RGB 信息；
- 线 FIFO：存储送往显示接口的数据流，实现 Wishbone 总线时钟域与视频时钟域的信号传递；
- 视频存储器基地址寄存器：存储视频数据在外部存储器中的起始地址；
- 视频时序发生器：产生行同步、帧同步、混合同步等信号，控制线 FIFO。

## 12.2 VGA/LCD 控制器的接口与寄存器

### 12.2.1 VGA/LCD 控制器的接口

VGA/LCD 控制器的接口可以分为 4 类：系统接口、Wishbone 主设备接口、Wishbone 从设备接口和视频接口。每个接口的信号功能分别如表 12-1、表 12-2、表 12-3、表 12-5 所列。

表 12-1 Wishbone 系统接口

| 端口 | 宽度 | 方向 | 描述 |
| --- | --- | --- | --- |
| wb_clk_i | 1 | 输入 | 时钟 |
| wb_rst_i | 1 | 输入 | 同步复位 |
| rst_i | 1 | 输入 | 异步复位 |
| wb_inta_o | 1 | 输出 | 中断输出 |

表 12-2 Wishbone 从设备接口

| 端口 | 宽度 | 方向 | 描述 |
| --- | --- | --- | --- |
| wbs_adr_i | 12 | 输入 | 从设备接口地址总线 |
| wbs_dat_i | 32 | 输入 | 从设备接口输入数据总线 |
| wbs_dat_o | 32 | 输出 | 从设备接口输出数据总线 |
| wbs_sel_i | 4 | 输入 | 从设备接口输入选择 |
| wbs_we_i | 1 | 输入 | 从设备接口写信号 |
| wbs_stb_i | 1 | 输入 | 从设备接口选通信号 |
| wbs_cyc_i | 1 | 输入 | 从设备接口循环信号 |
| wbs_ack_o | 1 | 输出 | 从设备接口应答信号 |
| wbs_err_o | 1 | 输出 | 从设备接口错误信号 |

表 12 - 3  Wishbone 主设备接口

| 端口 | 宽度/位 | 方向 | 描述 |
| --- | --- | --- | --- |
| wbn_adr_o | 32 | 输出 | 主设备接口地址总线 |
| wbm_dat_i | 32 | 输入 | 主设备接口输出数据总线 |
| wbm_sel_o | 4 | 输出 | 主设备接口输出选择 |
| wbm_we_o | 1 | 输入 | 主设备接口写信号 |
| wbm_stb_o | 1 | 输出 | 主设备接口选通信号 |
| wbm_cyc_o | 1 | 输出 | 主设备接口循环信号 |
| wbm_cti_o | 3 | 输出 | 主设备接口传输类型信号,详见表 12 - 4 |
| wbm_bte_o | 2 | 输入 | 主设备接口突发传输使能信号 |
| wbm_ack_i | 1 | 输入 | 主设备接口错误信号 |
| wbm_err_i | 1 | 输出 | 主设备接口应答信号 |

表 12 - 4  wbm_cti_o 功能

| wbm_cti_o | 功能 |
| --- | --- |
| 000b | Wishbone revB.2 传输模式 |
| 010b | 自增突发传输模式 |
| 111b | 突发传输结束 |

表 12 - 5  视频接口

| 端口 | 宽度/位 | 方向 | 描述 |
| --- | --- | --- | --- |
| clk_p_I | 1 | 输入 | 像素时钟 |
| hsync_pad_o | 1 | 输出 | 行同步 |
| vsync_pad_o | 1 | 输出 | 帧同步 |
| csync_pad_o | 1 | 输出 | 混和同步 |
| blank_pad_o | 1 | 输出 | 数据无效信号 |
| r_pad_o | 8 | 输出 | 红色分量数据 |
| g_pad_o | 8 | 输出 | 绿色分量数据 |
| b_pad_o | 8 | 输出 | 蓝色分量数据 |

## 12.2.2 VGA/LCD 控制器的寄存器

表 12-6 寄存器列表

| 名 称 | 地 址 | 宽度/位 | 访 问 | 描 述 |
|---|---|---|---|---|
| CTRL | 0x000 | 32 | 读写 | 控制寄存器 |
| STAT | 0x004 | 32 | 读写 | 状态寄存器 |
| HTIM | 0x008 | 32 | 读写 | 行扫描时序寄存器 |
| VTIM | 0x00C | 32 | 读写 | 帧扫描时序寄存器 |
| HVEN | 0x010 | 32 | 读写 | 图像行列宽度寄存器 |
| VBARa | 0x014 | 32 | 读写 | 视频基地址寄存器 A |
| BARb | 0x018 | 32 | 读写 | 视频基地址寄存器 B |
|  | 0x01C~0x02C | 32 | 读写 | 保留 |
| C0XY | 0x030 | 32 | 读写 | 硬件图标位置寄存器 0 |
| C0BAR | 0x034 | 32 | 读写 | 硬件图标基地址寄存器 0 |
|  | 0x038~0x03C | 32 | 读写 | 保留 |
| C0CR | 0x040~0x05C | 32 | 读写 | 硬件图标色彩寄存器 0 |
|  | 0x060~0x06C | 32 | 读写 | 保留 |
| C1XY | 0x070 | 32 | 读写 | 硬件图标位置寄存器 1 |
| C1BAR | 0x074 | 32 | 读写 | 硬件图标基地址寄存器 1 |
|  | 0x078~0x07C | 32 | 读写 | 保留 |
| C1CR | 0x080~0x09C | 32 | 读写 | 硬件图标色彩寄存器 1 |
|  | 0x0A0~0x7FC | 32 | 读写 | 保留 |
| PCLT | 0x800~0xFFC | 32 | 读写 | 8 位模式色彩查找表 |

表 12-7 控制寄存器

复位值：0x00000000

| 位 | 访问 | 描 述 |
|---|---|---|
| 31~26 | 写 | 保留 |
| 25 | 写 | HC1R：硬件图标 1 分辨率。<br>　　0——32×32 像素；<br>　　1——64×64 像素 |

续表 12-7

| 位 | 访问 | 描述 |
|---|---|---|
| 4 | 读写 | HC1E：硬件图标 1 使能。<br>0——硬件图标 1 禁止；<br>1——硬件图标 1 使能 |
| 23~22 | 读写 | 保留 |
| 21 | 读写 | HC0R：硬件图标 0 分辨率。<br>0——32×32 像素；<br>1——64×64 像素 |
| 20 | 读写 | HC0E：硬件图标 0 使能。<br>0——硬件图标 1 禁止；<br>1——硬件图标 1 使能 |
| 19~16 | 读写 | 保留 |
| 15 | 读写 | BL：Blank 信号有效电平。<br>0——高有效；<br>1——低有效 |
| 14 | 读写 | CSL：混合同步信号有效电平。<br>0——高有效；<br>1——低有效 |
| 13 | 读写 | VSL：帧同步信号有效电平。<br>0——高有效；<br>1——低有效 |
| 12 | 读写 | HSL：行同步信号有效电平。<br>0——高有效；<br>1——低有效 |
| 11 | 读写 | PC：8 位伪色彩。<br>0——8 位灰度；<br>1——8 位伪色彩 |
| 10~9 | 只写 | CD：色彩深度。<br>11——32 位；<br>10——24 位；<br>01——16 位；<br>00——8 位 |

续表 12-7

| 位 | 访问 | 描述 |
|---|---|---|
| 8~7 | 读写 | VBL：视频存储器突发长度。<br>11——8 周期；<br>10——4 周期；<br>01——2 周期；<br>00——1 周期 |
| 6 | 读写 | CBSWE：色彩查找表分体切换使能。<br>0——色彩查找表分体切换禁止；<br>1——色彩查找表分体切换使能 |
| 5 | 读写 | VBSWE：视频区切换使能。设置该位后，控制器在扫描完整幅图像后自动切换到另一个视频区（视频基地址），并且将该位清 0。<br>0——视频存储器区切换使能；<br>1——视频存储器区切换禁止 |
| 4 | 读写 | CBSIE：色彩查找表切换中断使能。<br>0——色彩查找表切换中断禁止；<br>1——色彩查找表切换中断使能 |
| 3 | 读写 | VBSIE：视频区切换中断使能。<br>0——视频区切换中断禁止；<br>1——视频区切换中断使能 |
| 2 | 读写 | HIE：行同步中断使能。<br>0——行同步中断禁止；<br>1——行同步中断使能 |
| 1 | 读写 | VIE：帧同步中断使能。<br>0——帧同步中断禁止；<br>1——帧同步中断使能 |
| 0 | 读写 | VEN：视频使能。<br>0——视频系统禁止；<br>1——视频系统使能 |

表 12-8 状态寄存器

复位值：0x00000000～0x00110000

| 位 | 访问 | 描述 |
|---|---|---|
| 31~25 | 只读 | 保留 |
| 24 | 只读 | HC1A：硬件图标 1 有效。<br>0——硬件图标 1 无效；<br>1——硬件图标 1 有效 |

续表 12-8

| 位 | 访问 | 描 述 |
|---|---|---|
| 23~21 | 只读 | 保留 |
| 20 | 只读 | HC0A：硬件图标 0 有效。<br>0——硬件图标 0 无效；<br>1——硬件图标 0 有效 |
| 19~18 | 只读 | 保留 |
| 17 | 只读 | ACMP：当前色彩查找表。<br>0——当前使用的是色彩查找表 0；<br>1——当前使用的是色彩查找表 1 |
| 16 | 只读 | AVMP：当前视频存储器。<br>0——当前使用的是视频基地址寄存器 0；<br>1——当前使用的是视频基地址寄存器 1 |
| 15~8 | 只读 | 保留 |
| 7 | 读写 | CBSINT：色彩查找表切换中断，写 0 清除。<br>0——没有色彩查找表切换中断挂起；<br>1——有色彩查找表切换中断挂起 |
| 6 | 读写 | VBSINT：视频区切换中断，写 0 清除。<br>0——没有视频区切换中断挂起；<br>1——有视频区切换中断挂起 |
| 5 | 读写 | HINT：行扫描中断，写 0 清除。<br>0——没有行扫描中断挂起；<br>1——有行扫描中断挂起 |
| 4 | 读写 | VINT：帧扫描中断，写 0 清除。<br>0——没有帧扫描中断挂起；<br>1——有帧扫描中断挂起 |
| 3~2 | 读写 | 保留 |
| 1 | 读写 | LUINT：线 FIFO 欠载中断，写 0 清除。<br>0——没有线 FIFO 欠载中断挂起；<br>1——有线 FIFO 欠载中断挂起 |
| 0 | 读写 | SINT：系统错误中断，写 0 清除。<br>0——没有系统错误中断挂起；<br>1——有系统错误中断挂起 |

## LCD控制器的使用

### 表12-9 行扫描时序寄存器
复位值:0x00000000

| 位 | 访问 | 描述 |
|---|---|---|
| 31~24 | 读写 | Thsync:行同步脉冲宽度-1 |
| 23~16 | 读写 | Thgdel:行扫描开始延迟时间宽度-1 |
| 15~0 | 读写 | Thgate:行扫描有效时间宽度-1 |

### 表12-10 帧扫描时序寄存器
复位值:0x00000000

| 位 | 访问 | 描述 |
|---|---|---|
| 31~24 | 读写 | Vhsync:帧同步脉冲宽度-1 |
| 23~16 | 读写 | Vhgdel:帧扫描开始延迟时间宽度-1 |
| 15~0 | 读写 | Vhgate:帧扫描有效时间宽度-1 |

### 表12-11 图像行列宽度寄存器
复位值:0x00000000

| 位 | 访问 | 描述 |
|---|---|---|
| 31~16 | 读写 | Thlen:行扫描总时间宽度-1 |
| 15~0 | 读写 | Tvlen:帧扫描总时间宽度-1 |

### 表12-12 视频基地址寄存器0和1
复位值:0x00000000

| 位 | 访问 | 描述 |
|---|---|---|
| 31~2 | 读写 | VBA:视频基地址 |
| 1~0 | 只读 | 固定为0 |

### 表12-13 硬件图标基地址寄存器0和1
复位值:0x00000000

| 位 | 访问 | 描述 |
|---|---|---|
| 31~10 | 读写 | CBA:图标基地址 |
| 9~0 | 只读 | 固定为0 |

### 表12-14 硬件图标位置寄存器0和1
复位值:0x00000000

| 位 | 访问 | 描述 |
|---|---|---|
| 31~16 | 读写 | 图标Y向位置 |
| 15~0 | 读写 | 图标X向位置 |

### 表12-15 硬件图标色彩寄存器0和1
复位值:0x00000000

| Cursor0 | Cursor1 | 位 31~16 | 位 15~0 |
|---|---|---|---|
| 0x028 | 0x058 | 色彩寄存器1 | 色彩寄存器0 |
| 0x02C | 0x05C | 色彩寄存器3 | 色彩寄存器2 |
| 0x030 | 0x060 | 色彩寄存器5 | 色彩寄存器4 |
| 0x034 | 0x064 | 色彩寄存器7 | 色彩寄存器6 |
| 0x038 | 0x068 | 色彩寄存器9 | 色彩寄存器8 |
| 0x03C | 0x06C | 色彩寄存器11 | 色彩寄存器10 |
| 0x040 | 0x070 | 色彩寄存器13 | 色彩寄存器12 |
| 0x044 | 0x074 | 色彩寄存器15 | 色彩寄存器14 |

## 12.3　VGA/LCD 控制器的使用方法

### 12.3.1　视频时序

视频时序由行扫描时序寄存器、帧扫描时序寄存器和图像行列宽度寄存器中的参数进行控制，行扫描、帧扫描和行列扫描混合时序图如图 12-2、图 12-3 和图 12-4 所示。

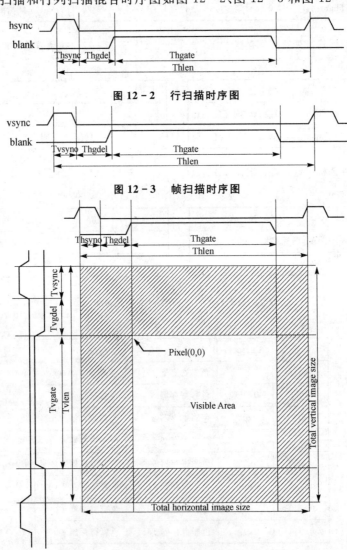

图 12-2　行扫描时序图

图 12-3　帧扫描时序图

图 12-4　行列扫描时序图

## 12.3.2 像素色彩

像素的色彩是由色彩处理模块产生的,色彩处理模块位于 Wishbone 主设备接口和线 FIFO 之间,其结构框图如图 12-5 所示。

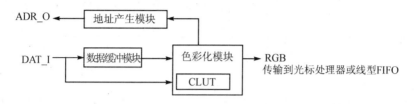

**图 12-5 色彩处理模块结构框图**

图 12-5 中,各模块功能如下:

- 地址产生模块(Address Generator):其功能是产生视频存储器地址、执行视频存储区切换、跟踪读取的像素数量。当读取了全部像素以后,根据条件决定是否切换视频存储区,根据条件决定是否产生切换中断,并复位视频存储器地址。
- 数据缓冲模块(Data Buffer):其功能是暂存视频存储器的数据。它可以存储 16 个 32 位的数据,通常至少处于半满状态。
- 色彩化模块(Colorizer Block):其功能是将数据缓冲里的数据转化 RGB 色彩数据。

假设视频存储器里的数据如表 12-16 所列。

对于 32 位模式,低 32 位数据的低 24 位有效,高 8 位被忽略,输出的 RGB 数据如表 12-17 所列。

表 12-16 视频存储器数据

| 地 址 | 数 据 |
|---|---|
| 0x00 | 0x01234567 |
| 0x04 | 0x89abcdef |
| 0x08 | 0x01234567 |
| 0x0C | 0x89abcdef |

表 12-17 32 位模式

| 存储器数据 | R | G | B |
|---|---|---|---|
| 0x01234567 | 0x23 | 0x45 | 0x67 |
| 0x89abcdef | 0xab | 0xcd | 0xef |
| 0x01234567 | 0x23 | 0x45 | 0x67 |
| 0x89abcdef | 0xab | 0xcd | 0xef |

对于 24 位模式,每连续的 24 位组成一组,输出的 RGB 数据如表 12-18 所列。

对于 16 位模式,每连续的 16 位组成一组,每组的低 5 位组成 B 分量,高 5 位组成 R 分量,中间 6 位组成 G 分量,输出的 RGB 数据如表 12-19 所列。

对于 8 位灰度模式,每 8 位数据直接赋给 R、G、B 分量,输出的 RGB 数据如表 12-20 所列。

表 12-18  24 位模式

| 存储器数据 | R | G | B |
|---|---|---|---|
| 0x12345 | 0x01 | 0x23 | 0x45 |
| 0x6789ab | 0x67 | 0x89 | 0xab |
| 0xcdef01 | 0xcd | 0xef | 0x01 |
| 0x234567 | 0x23 | 0x45 | 0x67 |

表 12-19  16 位模式

| 存储器数据 | R | G | B |
|---|---|---|---|
| 0x0123 | 0x00 | 0x24 | 0x18 |
| 0x4567 | 0x40 | 0xac | 0x38 |
| 0x89ab | 0x88 | 0x34 | 0x58 |
| 0xcdef | 0xc8 | 0xbc | 0x78 |

对于 8 位伪色彩模式,每 8 位数据作为色彩查找表的索引,输出的色彩查找表的索引如表 12-21 所列。

表 12-20  8 位灰度模式

| 存储器数据 | R | G | B |
|---|---|---|---|
| 0x01 | 0x01 | 0x01 | 0x01 |
| 0x23 | 0x23 | 0x23 | 0x23 |
| 0x45 | 0x45 | 0x45 | 0x45 |
| 0x67 | 0x67 | 0x67 | 0x67 |

表 12-21  8 位伪色彩模式

| 存储器数据 | 色彩查找表的索引 |
|---|---|
| 0x01 | 0x01 |
| 0x23 | 0x23 |
| 0x45 | 0x45 |
| 0x67 | 0x67 |

### 12.3.3 带宽需求

视频系统是一个实时系统,并且其工作不能被打断,虽然在控制器内部有缓冲和 FIFO,可以降低对系统实时性的要求,但是其对系统的平均带宽需求还是必须要满足的。视频对系统的平均带宽需求的计算方法如下:

$$BW_{video} = Hpix \times Vlin \times F_{refr}$$

式中:
$Hpix = number\_of\_visible\_horizontal\_pixels(T_{hgate})$
$Vlin = number\_of\_visible\_vertical\_lines(T_{vgate})$
$F_{refr} = refresh\_rate$

$$BW_{required} = BW_{video} \times N_{bits\_per\_pixel}$$

对于一个标准的 VGA 显示器:分辨率是 640×480,扫描频率是 60 Hz,BW = 640×480×60=18.4 Mpps(兆像素/秒),对于一个 1024×768、75 Hz 的 SVGA 显示器 BW=59 Mpps。再结合色彩深度,就可以计算出视频对系统的平均带宽需求,如表 12-22 所列。

对系统总线的占用百分比与系统的总带宽有关,而系统的总带宽与存储器的访问时间、宽度、延时以及突发操作长度有关,这里不再详述。

表 12-22　视频对系统的平均带宽需求

| 色彩深度/bpp | 640×480,60 Hz | 1024×768,75 Hz |
|---|---|---|
| 32 | 590 Mbps | 1.9 Gbps |
| 24 | 443 Mbps | 1.4 Gbps |
| 16 | 295 Mbps | 944 Mbps |
| 8 | 147 Mbps | 472 Mbps |

## 12.4　集成和仿真 VGA/LCD 控制器

新建一个名为 ar2000_lcd 的工程,按照以前的代码组织结构,在其中新建一个顶层例化文件 ar2000_lcd.v,新建一个系统结构文件 system_lcd.v,以及再新建一个顶层测试文件 ar2000_lcd_bench.v。

### 1. system_lcd.v

集成时需要注意的是:LCD 控制器的扫描时钟的处理。首先在存储器控制的时钟发生逻辑的后边添加如下代码:

```verilog
wire            vclk_p;
reg [1:0]       v_clk;
always @(posedge clk_p_i or posedge wb_rst)
    if (wb_rst)
        v_clk <= 4'h0;
    else
        v_clk <= #1 v_clk + 1'b1;
assign vclk_p = v_clk[1];
```

其余的集成由读者自己完成。

### 2. ar2000_lcd.v

同前面的例子一样添加系统 system_lcd.v 中的 I/O 即可,这里不再给出。

### 3. ar2000_lcd_bench.v

由于 LCD 控制器输出的 3 位×8 位的数据信号,为了在观察输出时方便添加如下代码,把红色信号分离出来显示有效的数据输出,代码如下:

```verilog
//
// LCD
//
wire [7:0]      LCDred;
assign LCDred = Video_D[23:16];
```

由于 LCD 控制器需要单独的 25 MHz 时钟,所以还需要添加如下代码:

```
//
//25M
//
always
begin
    Video_CLKI = 1'b0 ;
    #20 ;
    Video_CLKI = 1'b1 ;
    #20 ;
end
```

### 4. 仿 真

在仿真中需要对 VGA_LCD 控制器的寄存器进行读/写,而且还需要给 VGA_LCD 控制器输入信号。对寄存器的读/写提供了一段汇编代码,代码如下:

```
        .section .vectors,"ax"
        .org 0x100
_reset:

        l.andi      r0,r0,0
        l.movhi     r0,0

        l.andi      r1,r1,0x0
        l.movhi     r1,0x9700

        l.andi      r2,r2,0x0
        l.movhi     r2,0xf000
        l.sw        0x14(r1),r2

        l.andi      r2,r2,0x0
        l.movhi     r2,0
        l.ori       r2,r2,0x77
        l.sw        8(r1),r2

        l.andi      r2,r2,0x0
        l.movhi     r2,0x100
        l.ori       r2,r2,0xef
        l.sw        0xc(r1),r2

        l.andi      r2,r2,0x0
        l.movhi     r2,0x00c0
        l.ori       r2,r2,0x100
```

```
l.sw      0x10(r1),r2
l.andi    r2,r2,0x0
l.movhi   r2,0
l.ori     r2,r2,0x1
l.sw      0(r1),r2
```

代码就是对控制器的几个寄存器写值，这个寄存器具体的意义可以参看表 12-23。

将代码在 Linux 下编译得到一个.mem 文件。这个文件作为 Flash 的初始化文件，CPU 将从 Flash 的 0xf0000100 开始执行。另外提供给控制器的数据信号，为了方便，也以 Flash 中的文件为主。

整体的仿真结构如图 12-6 所示。

然后将仿真时间设为 350 $\mu s$，开始仿真，可以得到如图 12-7 所示的波形图。该波形图显示一个一次整个屏幕的扫描过程。图 12-8 和图 12-9 分别是一次行扫描和每次行扫描中部分的波形。

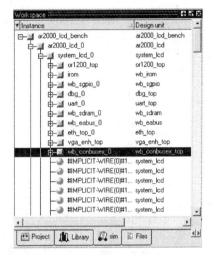

图 12-6　整体的仿真结构

表 12-23　VGA_LCD 控制器的寄存器

| 寄存器 | Wb_addr_i[11:0] | 宽度/位 | 访问方式 | 描　述 |
|---|---|---|---|---|
| CRTL | 0x000 | 32 | 读写 | 控制寄存器 |
| STAT | 0x004 | 32 | 读写 | 状态寄存器 |
| HTIM | 0x008 | 32 | 读写 | 水平定时寄存器 |
| VTIM | 0x00C | 32 | 读写 | 垂直定时寄存器 |
| HVLEN | 0x010 | 32 | 读写 | 水平和垂直长度寄存器 |
| VBARa | 0x014 | 32 | 读写 | 视频存储器基地址寄存器 A |
| VBARb | 0x018 | 32 | 读写 | 视频存储器基地址寄存器 B |
|  | 0x01C～0x02C | 32 | 读写 | 保留 |
| C0XY | 0x030 | 32 | 读写 | 光标 0 的 X、Y 轴寄存器 |
| C0BAR | 0x034 | 32 | 读写 | 光标 0 的基地址寄存器 |

续表 12-23

| 寄存器 | Wb_addr_i[11:0] | 宽度/位 | 访问方式 | 描述 |
| --- | --- | --- | --- | --- |
|  | 0x038~0x03C | 32 | 读写 | 保留 |
| C0CR | 0x040~0x05C | 32 | 读写 | 光标0的颜色寄存器 |
|  | 0x060~0x06C | 32 | 读写 | 保留 |
| C1XY | 0x070 | 32 | 读写 | 光标1的X、Y轴寄存器 |
| C1BAR | 0x074 | 32 | 读写 | 光标1的基地址寄存器 |
|  | 0x078~0x07C | 32 | 读写 | 保留 |
| C1CR | 0x080~0x09C | 32 | 读写 | 光标1的颜色寄存器 |
|  | 0x0A0~0x7FC | 32 | 读写 | 保留 |
| PCLT | 0x800~0xFFC | 32 | 读写 | 8 bpp 的虚拟颜色查找表 |

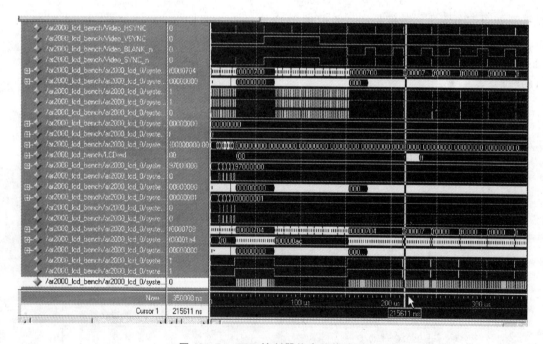

图 12-7　LCD 控制器仿真总体波形

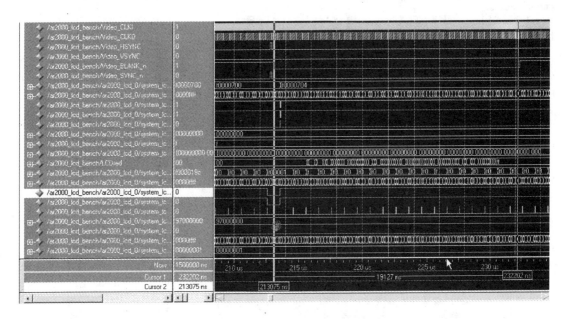

图 12-8　LCD 控制器仿真行扫描波形

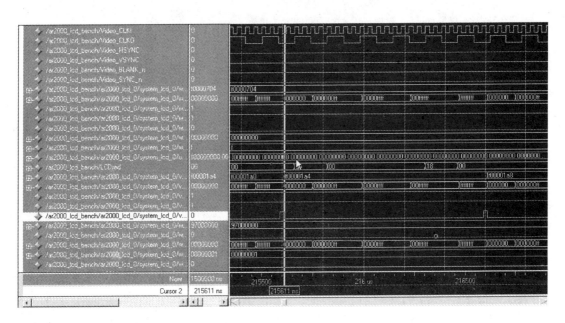

图 12-9　LCD 控制器仿真扫描脉冲波形

开源软核处理器 OpenRisc 的 SOPC 设计

## 12.5 验证 VGA/LCD 控制器

为了验证 VGA/LCD 控制器,我们修改 ORPMon 程序,使之能在上电的同时自启动一段代码,实现一个图片的显示。我们在 ORPMon 中增加一个 lcd.c 代码,代码如下:

```c
#include "common.h"
#include "support.h"
#include "board.h"
int
lcd_up_cmd(int argc, char * argv[])
{
  extern int ic_enable_cmd (int argc, char * argv[]) ;
  ic_enable_cmd(0,NULL);
  memcpy(0x03f00000,0xf0800000,640*480*2);
  REG32(CRT_BASE_ADDR + 0x08) = 0x0808027f;
  REG32(CRT_BASE_ADDR + 0x0C) = 0x180801df;
  REG32(CRT_BASE_ADDR + 0x10) = 0x03000210;
  REG32(CRT_BASE_ADDR + 0x14) = 0x03f00000;
  REG32(CRT_BASE_ADDR + 0x00) = 0x0000f301;
}

int
lcd_down_cmd(int argc, char * argv[])
{
  REG32(CRT_BASE_ADDR + 0x00) = 0x0;
}

void module_lcd_init (void)
{
  register_command ("lcd_up", "[ < image address > ]", "Start lcd.", lcd_up_cmd);
  register_command ("lcd_down", "[ < image address > ]", "Stop lcd.", lcd_down_cmd);
}
```

在 Linux 下编译后可以生成所需要的文件 orpmon - flash.bin,将它烧到 Flash 的零地址。将需要的图片信息烧到 Flash 的 0x800000 地址。进行综合、布局布线和下载以后,重新上电,可以看见 LCD 的显示图片。

# 第 13 章

# SBSRAM 的时序和控制器设计

## 13.1 SBSRAM 控制器的结构和功能

 ### 13.1.1 SBSRAM 的概念

同步突发静态存储器 SBSRAM 是 Synchronous Burst Static RAM 的缩写,其最大的优点在于支持同步突发访问,读/写速度快,而且属于静态 RAM,不需要刷新。SBSRAM 在结构上分为 2 种类型:Flow Throught 和 Pipeline。

在同步突发模式下,只要外部器件给出首次访问地址,则在同步时钟的上跳沿,就可以在内部产生访问数据单元的突发地址,协助那些不能快速提供存取地址的控制器加快数据访问的速度。

 ### 13.1.2 SBSRAM 控制器的读/写操作和时序

所有的同步输入信号在时钟的上升沿锁存在输入寄存器,所有的输出信号也是在时钟的上升沿锁存输出寄存器。最大的访问延迟是 3 ns。

读操作的访问必须在下面的条件满足时开始初始化:
➢ ADSP 或 ADSC 置低;
➢ CE 处于有效状态;
➢ 写信号 GW、BWE 处于无效状态。

当上面的条件满足时,地址数据出现在地址线上,并且锁存入地址寄存器。地址数据进入相应的存储器阵列,存储器的数据进入输出寄存器。在下一个时钟上升沿到来后,输出寄存器中的数据出现数据总线。在 OE 信号的控制下,数据线上出现需要的数据或处于三态。SBSRAM 控制器读操作时序如图 13-1 所示。

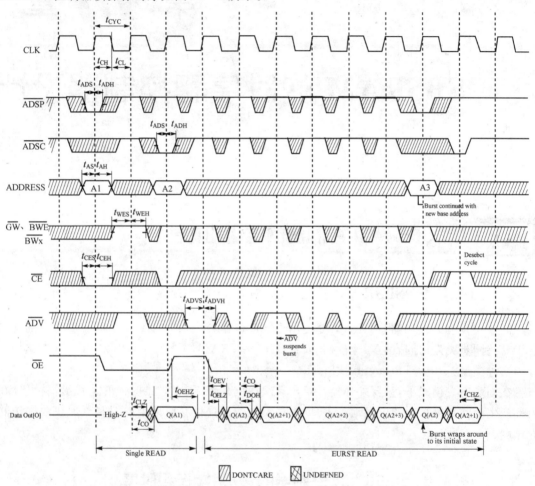

图 13-1 SBSRAM 控制器读操作时序图

写操作分 2 种模式由 ADSP 或 ADSC 控制。

(1) 由 ADSP 控制的写操作

当满足下面条件时访问开始启动:

① ADSP 为低;

② CE 为低。

地址位上的数据在此时送入地址寄存器并且地址中的数据送入存储器阵列。写信号

GW、BWE 和 BE 信号的输入在第 1 个周期里会被忽略。ADSP 触发的写访问需要 2 个时钟周期,GW 不同的设置,对写操作不一样。当 GW 为低时数据会在第 2 个时钟上沿,从存储器中取出给数据总线;当 GW 为高时,写操作受 BWE 和 BW 的控制。

**(2) 由 ADSC 控制的写操作**

当满足下面条件时 ADSC 的写操作开始启动:

① ADSC 为低;

② ADSP 为高;

③ CE 为低;

④ 写信号 GW、BWE、BW 的合适的组合有效。

ADSC 的触发需要一个周期完成,随后出现在地址线上的地址数据锁存入地址寄存器。ADV 的输入在这时被忽略。如果 GW 有效,相应的数据会出现数据线上。如果是 Byte Write 有效,则只有选中的字节出现在数据线上,其他的保持不变。

写操作时序图如图 13-2 所示,读/写操作时序图如图 13-3 所示。

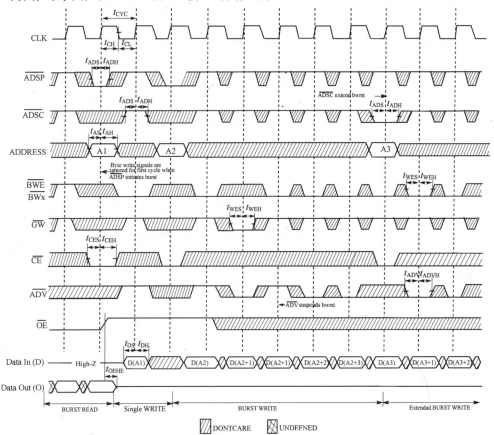

图 13-2 SBSRAM 控制器写操作时序图

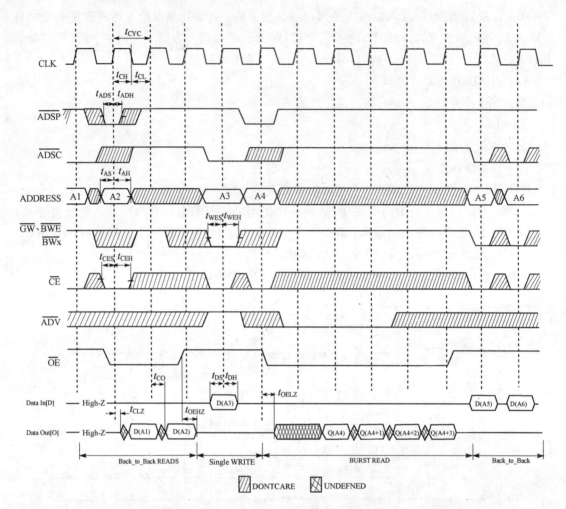

图 13-3 SBSRAM 控制器读/写操作时序图

## 13.2 编写 SBSRAM 控制器

### 1. 编写代码

控制器的结构就是一个状态机，状态机的状态符合 SBSRAM 的读/写操作时序，具体如下：

```verilog
case(ifsm)
    ifsmidle: begin
        if( (buffervalid == 1'b1)&&(bufferaddr == wb_adr_i[31:4]) ) begin
            wb_dat_o <= #1 data_buffer[wb_adr_i[3:2]];
            wb_ack_o <= #1 1'b1;
        end
        else begin
            mem_adr_o <= #1 {wb_adr_i[22:4],2'b00};
            mem_adsc_o <= #1 1'b0;
            mem_ce_o <= #1 1'b0;
            mem_oe_o <= #1 1'b0;
            mem_dat_oe <= #1 1'b0;
            ifsm <= #1 ifsmwraddr;
        end
    end
    ifsmwraddr: begin
        mem_adr_o[1:0] <= #1 mem_adr_o[1:0] + 1'b1;
        ifsm <= #1 ifsmwait;
    end
    ifsmwait: begin
        mem_adr_o[1:0] <= #1 mem_adr_o[1:0] + 1'b1;
        burstcnt <= #1 1'b0;
        ifsm <= #1 ifsmread;
    end
    ifsmread: begin
        mem_adr_o[1:0] <= #1 mem_adr_o[1:0] + 1'b1;
        data_buffer[burstcnt] <= #1 mem_dat_i;
        burstcnt <= #1 burstcnt + 1'b1;
        if(burstcnt == wb_adr_i[3:2])
            wb_dat_o <= #1 mem_dat_i;
        if(burstcnt == 2'b11) begin
            mem_oe_o <= #1 1'b1;
            mem_ce_o <= #1 1'b1;
            wb_ack_o <= #1 1'b1;
            bufferaddr <= wb_adr_i[31:4];
            buffervalid <= #1 1'b1;
            ifsm <= #1 ifsmidle;
        end
```

```
       end
    default: begin
        buffervalid <= #1 1'b0;
        ifsm <= #1 ifsmidle;
    ...
```

****************************** 代码不完整,不能用于商业 ******************************

### 2. I/O 端口

SBSRAM 控制器的 I/O 端口分为 3 部分:Wishbone 系统信号、Wishbone 接口和外部存储器信号接口。它们分别如表 13-1~表 13-3 所列。

表 13-1 SBSRAM 控制器的 Wishbone 系统 I/O 信号

| 信 号 | 宽度/位 | 方 向 | 功 能 |
|---|---|---|---|
| wb_clk_i | 1 | 输入 | 时钟输入 |
| wb_rst_i | 1 | 输入 | 复位 |

表 13-2 SBSRAM 控制器的 Wishbone 接口信号

| 信 号 | 宽度/位 | 方 向 | 功 能 |
|---|---|---|---|
| wb_dat_i | 32 | 输入 | 寄存器空间数据输入 |
| wb_dat_o | 32 | 输出 | 寄存器空间数据输出 |
| wb_adr_i | 32 | 输入 | 寄存器空间地址输入 |
| wb_sel_i | 4 | 输入 | 寄存器空间选择输入 |
| wb_we_i | 1 | 输入 | 寄存器空间写使能输入 |
| wb_cyc_i | 1 | 输入 | 寄存器空间循环输入 |
| wb_stb_i | 1 | 输入 | 寄存器空间选通输入 |
| wb_ack_o | 1 | 输出 | 寄存器空间响应输出 |
| wb_err_o | 1 | 输出 | 寄存器空间错误输出 |

表 13-3 SBSRAM 控制器的外部存储器接口信号

| 信 号 | 宽度/位 | 方 向 | 功 能 |
|---|---|---|---|
| mem_dat_o | 32 | 输出 | 存储器数据总线输出 |
| mem_dat_i | 32 | 输入 | 存储器数据总线输入 |
| mem_bwe_o | 1 | 输出 | 存储器字节使能 |
| mem_adr_o | 21 | 输出 | 存储器地址总线 |
| mem_ce_o | 1 | 输出 | 存储器片选使能 |
| mem_oe_o | 1 | 输出 | 存储器输出使能 |
| mem_adv_o | 1 | 输出 | 存储器内部突发模式使能 |
| mem_bw_o | 4 | 输出 | 存储器写字节选择使能 |
| mem_clk_o | 1 | 输出 | 存储器时钟输出 |
| mem_dat_oe | 1 | 输出 | 存储器数据输出使能 |
| mem_datp_i | 4 | 输入 | 存储器数据总线输入 |
| mem_datp_o | 4 | 输出 | 存储器数据总线输出 |
| mem_zz_o | 1 | 输出 | 存储器休眠模式 |
| mem_mode_o | 1 | 输出 | 存储器突发模式选择 |
| mem_adsp_o | 1 | 输出 | Address strobe controller |
| mem_adsc_o | 1 | 输出 | Address strobe processor |

## 13.3 SBSRAM 控制器的仿真

为了验证设计代码的正确性，需要对设计的 SBSRAM 控制器进行详细的仿真，即对各个字地址进行详细的读/写。测试部分代码如下：

```
#25;wb_mast_0.wb_wr1(32'h0000_0000, 4'hf, 32'h00);
#25;wb_mast_0.wb_wr1(32'h0000_0004, 4'hf, 32'h01);
#25;wb_mast_0.wb_wr1(32'h0000_0008, 4'hf, 32'h02);
#25;wb_mast_0.wb_wr1(32'h0000_000C, 4'hf, 32'h03);

#25;wb_mast_0.wb_wr1(32'h0000_0010, 4'hf, 32'h04);
#25;wb_mast_0.wb_wr1(32'h0000_0014, 4'hf, 32'h05);
#25;wb_mast_0.wb_wr1(32'h0000_0018, 4'hf, 32'h06);
#25;wb_mast_0.wb_wr1(32'h0000_001C, 4'hf, 32'h07);

#25;wb_mast_0.wb_wr1(32'h0000_0020, 4'hf, 32'h08);
#25;wb_mast_0.wb_wr1(32'h0000_0024, 4'hf, 32'h09);
#25;wb_mast_0.wb_wr1(32'h0000_0028, 4'hf, 32'h0a);
#25;wb_mast_0.wb_wr1(32'h0000_002C, 4'hf, 32'h0b);

#25;wb_mast_0.wb_wr1(32'h0000_0030, 4'hf, 32'h0c);
#25;wb_mast_0.wb_wr1(32'h0000_0034, 4'hf, 32'h0d);
#25;wb_mast_0.wb_wr1(32'h0000_0038, 4'hf, 32'h0e);
#25;wb_mast_0.wb_wr1(32'h0000_003C, 4'hf, 32'h0f);

#25;wb_mast_0.wb_wr1(32'h0000_0040, 4'hf, 32'h10);
#25;wb_mast_0.wb_wr1(32'h0000_0044, 4'hf, 32'h11);
#25;wb_mast_0.wb_wr1(32'h0000_0048, 4'hf, 32'h12);
#25;wb_mast_0.wb_wr1(32'h0000_004C, 4'hf, 32'h13);

#25;wb_mast_0.wb_wr1(32'h0000_0050, 4'hf, 32'h14);
#25;wb_mast_0.wb_wr1(32'h0000_0054, 4'hf, 32'h15);
#25;wb_mast_0.wb_wr1(32'h0000_0058, 4'hf, 32'h16);
#25;wb_mast_0.wb_wr1(32'h0000_005C, 4'hf, 32'h17);

#25;wb_mast_0.wb_wr1(32'h0000_0060, 4'hf, 32'h18);
#25;wb_mast_0.wb_wr1(32'h0000_0064, 4'hf, 32'h19);
#25;wb_mast_0.wb_wr1(32'h0000_0068, 4'hf, 32'h1a);
#25;wb_mast_0.wb_wr1(32'h0000_006C, 4'hf, 32'h1b);

#25;wb_mast_0.wb_wr1(32'h0000_0070, 4'hf, 32'h1c);
#25;wb_mast_0.wb_wr1(32'h0000_0074, 4'hf, 32'h1d);
```

```
#25;wb_mast_0.wb_wr1(32'h0000_0078, 4'hf, 32'h1e);
#25;wb_mast_0.wb_wr1(32'h0000_007C, 4'hf, 32'h1f);

#25;wb_mast_0.wb_rd1(32'h0000_0000, 4'hf, Data);
#25;wb_mast_0.wb_rd1(32'h0000_0004, 4'hf, Data);
#25;wb_mast_0.wb_rd1(32'h0000_0008, 4'hf, Data);
#25;wb_mast_0.wb_rd1(32'h0000_000C, 4'hf, Data);

#25;wb_mast_0.wb_rd1(32'h0000_0010, 4'hf, Data);
#25;wb_mast_0.wb_rd1(32'h0000_0014, 4'hf, Data);
#25;wb_mast_0.wb_rd1(32'h0000_0018, 4'hf, Data);
#25;wb_mast_0.wb_rd1(32'h0000_001C, 4'hf, Data);

#25;wb_mast_0.wb_rd1(32'h0000_0020, 4'hf, Data);
#25;wb_mast_0.wb_rd1(32'h0000_0024, 4'hf, Data);
#25;wb_mast_0.wb_rd1(32'h0000_0028, 4'hf, Data);
#25;wb_mast_0.wb_rd1(32'h0000_002C, 4'hf, Data);

#25;wb_mast_0.wb_rd1(32'h0000_0030, 4'hf, Data);
#25;wb_mast_0.wb_rd1(32'h0000_0034, 4'hf, Data);
#25;wb_mast_0.wb_rd1(32'h0000_0038, 4'hf, Data);
#25;wb_mast_0.wb_rd1(32'h0000_003C, 4'hf, Data);

#25;wb_mast_0.wb_rd1(32'h0000_0040, 4'hf, Data);
#25;wb_mast_0.wb_rd1(32'h0000_0044, 4'hf, Data);
#25;wb_mast_0.wb_rd1(32'h0000_0048, 4'hf, Data);
#25;wb_mast_0.wb_rd1(32'h0000_004C, 4'hf, Data);

#25;wb_mast_0.wb_rd1(32'h0000_0050, 4'hf, Data);
#25;wb_mast_0.wb_rd1(32'h0000_0054, 4'hf, Data);
#25;wb_mast_0.wb_rd1(32'h0000_0058, 4'hf, Data);
#25;wb_mast_0.wb_rd1(32'h0000_005C, 4'hf, Data);

#25;wb_mast_0.wb_rd1(32'h0000_0060, 4'hf, Data);
#25;wb_mast_0.wb_rd1(32'h0000_0064, 4'hf, Data);
#25;wb_mast_0.wb_rd1(32'h0000_0068, 4'hf, Data);
#25;wb_mast_0.wb_rd1(32'h0000_006C, 4'hf, Data);

#25;wb_mast_0.wb_rd1(32'h0000_0070, 4'hf, Data);
#25;wb_mast_0.wb_rd1(32'h0000_0074, 4'hf, Data);
#25;wb_mast_0.wb_rd1(32'h0000_0078, 4'hf, Data);
#25;wb_mast_0.wb_rd1(32'h0000_007C, 4'hf, Data);

#25;wb_mast_0.wb_wr1(32'h0000_0000, 4'hf, 32'h0102_0304);
#25;wb_mast_0.wb_rd1(32'h0000_0000, 4'hf, Data);
```

SBSRAM 控制器仿真顶层结构如图 13-4 所示。

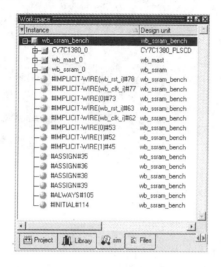

图 13-4　SBSRAM 控制器仿真顶层结构

CY7C1380 是 SBSRAM 的仿真模型，wb_mast 是对控制器的读/写模块，其仿真的整体波形如图 13-5 所示。

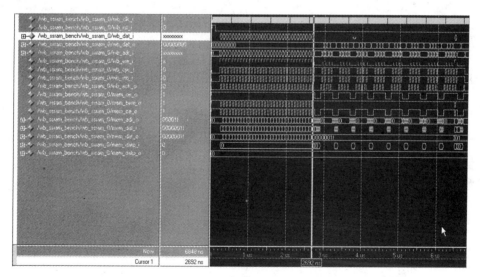

图 13-5　SBSRAM 仿真的整体波形

在图 13-5 中，分界线（2.7 μs）之前的部分是总线对控制器的写操作，之后的是读操作。读操作在波形上看是一段一段的，这就是 SBSRAM 的一个特性——突发操作，图 13-6 是在 3.2 μs 的一个猝发读操作的时序图。

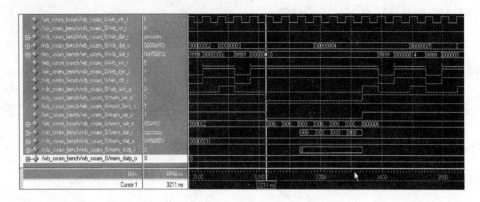

图 13-6 SBSRAM 控制器的读操作波形

## 13.4 集成 SSRAM 控制器

需要新建一个板级顶层例化文件 ar2000_ssram.v,新建一个系统结构文件 system_ssram.v。

### 13.4.1 system_ssram.v

和前面的例子一样,添加 SSRAM 控制器的例化接口,输出/输入的 I/O,然后将 SSRAM 控制挂在 Wishbone 总线上,部分相关代码如下:

```
//
// SSRAM
//
output              ssram_clk_o;
output              ssram_oe_o;
output              ssram_bwe_o;
output      [3:0]   ssram_bw_o;
output              ssram_ce_o;
output      [20:0]  ssram_adr_o;
output              ssram_adv_o;
input       [31:0]  ssram_dat_i;
output      [31:0]  ssram_dat_o;
input       [3:0]   ssram_datp_i;
output      [3:0]   ssram_datp_o;
```

```verilog
    output              ssram_dat_oe;
    output              ssram_zz_o;
    output              ssram_mode_o;
    output              ssram_adsp_o;
    output              ssram_adsc_o;
    ⋮
//
// SSRAM controller slave i/f wires
//
wire    [31:0]  wb_ssram_dat_i;
wire    [31:0]  wb_ssram_dat_o;
wire    [31:0]  wb_ssram_adr_i;
wire    [3:0]   wb_ssram_sel_i;
wire            wb_ssram_we_i;
wire            wb_ssram_cyc_i;
wire            wb_ssram_cab_i;
wire            wb_ssram_stb_i;
wire            wb_ssram_ack_o;
wire            wb_ssram_err_o;
    ⋮
//
// Instantiation of the SSRAM controller
//
wb_ssram wb_ssram_0 (
    // Wishbone common
    .wb_clk_i(wb_clk),
    .wb_rst_i(wb_rst),

    // Wishbone slave
    .wb_dat_i(wb_ssram_dat_i),
    .wb_dat_o(wb_ssram_dat_o),
    .wb_adr_i(wb_ssram_adr_i),
    .wb_sel_i(wb_ssram_sel_i),
    .wb_we_i (wb_ssram_we_i ),
    .wb_cyc_i(wb_ssram_cyc_i),
    .wb_stb_i(wb_ssram_stb_i),
    .wb_ack_o(wb_ssram_ack_o),
    .wb_err_o(wb_ssram_err_o),

    .mem_clk_o(ssram_clk_o),
```

```
        .mem_oe_o (ssram_oe_o ),
        .mem_bwe_o(ssram_bwe_o),
        .mem_bw_o (ssram_bw_o ),
        .mem_ce_o (ssram_ce_o ),
        .mem_adr_o(ssram_adr_o),
        .mem_adv_o(ssram_adv_o),
        .mem_dat_i(ssram_dat_i),
        .mem_dat_o(ssram_dat_o),
        .mem_datp_i(ssram_datp_i),
        .mem_datp_o(ssram_datp_o),
        .mem_dat_oe(ssram_dat_oe),
        .mem_zz_o (ssram_zz_o ),
        .mem_mode_o(ssram_mode_o),
        .mem_adsp_o(ssram_adsp_o),
        .mem_adsc_o(ssram_adsc_o)
        );
   ⋮

        // Wishbone Slave 15
        .s15_cyc_o   ( wb_ssram_cyc_i ),
        .s15_stb_o   ( wb_ssram_stb_i ),
        .s15_cab_o   ( wb_ssram_cab_i ),
        .s15_adr_o   ( wb_ssram_adr_i ),
        .s15_sel_o   ( wb_ssram_sel_i ),
        .s15_we_o    ( wb_ssram_we_i),
        .s15_dat_o   ( wb_ssram_dat_i ),
        .s15_dat_i   ( wb_ssram_dat_o ),
        .s15_ack_i   ( wb_ssram_ack_o ),
        .s15_err_i   ( wb_ssram_err_o ),
        .s15_rty_i   ( 1'b0 )
```

### 13.4.2　ar2000_ssram.v

编辑板级顶层文件，添加顶层系统的例化文件，以及一些输出/输入的 I/O，部分相关代码如下：

| output | sram_CLK; |
| output | sram_ADSC_n; |
| output | sram_WE_n; |
| output | sram_CE1_n; |

```
    output               sram_OE_n;
    output      [20:0]   sram_A;
    output      [3:0]    sram_BE;
    inout       [31:0]   sram_D;
    output               sram_ADSP_n;
    output               sram_ADV_n;
    output               sram_MODE;
    ...
        .ssram_clk_o(sram_CLK),
        .ssram_oe_o (sram_OE_n),
        .ssram_bwe_o(sram_WE_n),
        .ssram_bw_o (sram_BE),
        .ssram_ce_o (sram_CE1_n),
        .ssram_adr_o(sram_A),
        .ssram_adv_o(sram_ADV_n),
        .ssram_dat_i(sram_D),
        .ssram_dat_o(sram_dat_o),
        .ssram_datp_i(4'h0),
        .ssram_datp_o(),
        .ssram_dat_oe(sram_dat_oe),
        .ssram_zz_o (),
        .ssram_mode_o(sram_MODE),
        .ssram_adsp_o(sram_ADSP_n),
        .ssram_adsc_o(sram_ADSC_n),
    ...
```

****************************** 代码不完整,不能用于商业 ******************************

## 13.5 验证 SSRAM 控制器

SSRAM 控制器的验证是利用 ORPMon 直接进行测试。在 ORPMon 中有一个测试存储器系统的命令,只要给出存储器的地址空间即可。由于 SSRAM 控制器接在第 16 个从设备上,所以其起始地址为 0xa8000000。

新建一个 Quartus 工程,加入需要的文件,进行一些必要的设置,这里和以前都是相同的,然后综合、布局布线,下载。在上电进入 ORPMon 后,输入如下命令:

```
AR2000> ram_test 0xa8000000 0xa81ffffc
```

如果成功,就可以看见系统打印的信息。

# 附录

# UP－SOPC2000 教学科研平台

本书中所有基于 OpenRisc1200 软核的实验都是在 UP－SOPC2000 开发板上实现的，UP－SOPC2000 开发板是由北京博创科技集团教育事业 SOPC 研发部设计的。北京博创科技集团是国内知名的嵌入式系统专业技术提供商，拥有一支实力雄厚的研究开发团队。旗下的教育事业部专注于国内高校嵌入式教学推广工作，率先将 ARM 技术应用于高校嵌入式系统教学，与清华大学、北京航空航天大学、南开大学、华中科技大学等一流高校合作，在国内建立了数百个嵌入式教学系统实验室。博创科技通过推广针对高校的"中国电子学会嵌入式工程师认证"，承办"全国嵌入式系统教学研讨会"和"博创杯"全国大学生嵌入式大赛等活动，极大地推动了国内嵌入式技术的应用和发展。

UP－SOPC2000 的资源配置如附表 1 所列。

SOPC2000 开发板的主要器件和接口的分布图如附图 1 所示。

**附表 1  SOPC2000 资源配置**

| | |
|---|---|
| Altera 公司的 CycloneⅡ 系列 FPGA 芯片 EP2C35F672 | 片内集成了 3.3 万个 LE、484K 位 RAM、35 个 18×18 乘法器及 4 个 PLL |
| JTAG 接口 | 4 个 JTAG 接口，分别是 FPGA JTAG、FPGA AS、GP JTAG、CPLD JTAG |
| 配置控制器 | 1 个 16 Mb 配置存储器 EPCS16、1 个多重配置控制器 EPM7256(CPLD) |
| 存储器资源 | 2 片 32 Mb Nor Flash、1 片 64 Mb Nand Flash、64 Mb SDRAM、2 Mb SBSRAM |
| 接口 | 2 个 RS－232 标准串口、2 个以太网接口、以太网 MAC/PHY 控制器 LAN91C111、以太网 PHY 控制器 LXT971、1 个 ADV7123 VGA 显示接口、3 个 USB 主口、2 个 USB 从口、USB2.0 收发器 CY1C68000、USB2.0 控制器 ISP1161、PS2 鼠标/键盘接口(预留)、音频接口(预留) |
| 显示设备 | 2 个 8 段数码管、8 个 LED 灯 |
| 开关/按钮 | 8 位拨码开关、7 个按键 |
| 时钟/电源 | 50 MHz 时钟输入(多路输入)、12 V 电源输入 |

# UP-SOPC2000 教学科研平台

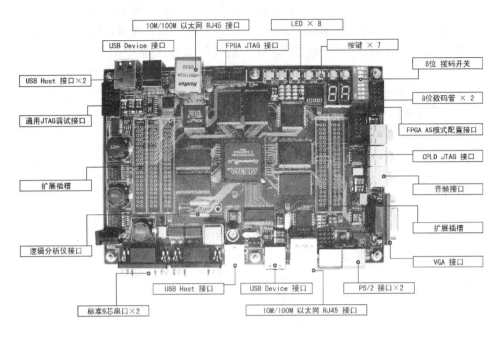

附图 1  SOPC2000 主要器件和接口的分布图

另外,为了更好地配合高校和科研院所的 SOPC 课程教学,博创科技提供了有更多资源的实验箱,实验箱的图片如附图 2 所示。

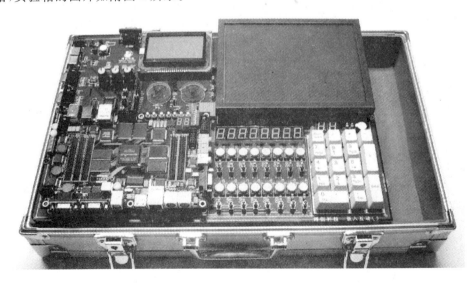

附图 2  SOPC2000 实验箱

### 开源软核处理器 OpenRisc 的 SOPC 设计

实验箱上有 8 寸彩色 LCD、128×64 图形点阵液晶显示器、8 通道 8 位 A/D 转换模块、单通道 8 位 D/A 转换模块、16 位按键输入模块、16 位拨码开关输入模块、17 标准键盘、8 位扫描 LED 数码管、2 位静态 LED 数码管、8 位 LED、多种时钟输入、直流电机、步进电机。

本实验教学平台可用于电子工程、计算机专业的 SOPC 课程的实验，也可用于科研院所和企业的 SOPC 开发、验证及 ASIC 原理的验证。

更多信息可以查阅 http://www.up-tech.com。

## 参考文献

[1] 李兰英,等. NiosII 嵌入式软核 SOPC 设计原理及应用[M]. 北京:北京航空航天大学出版社,2006.
[2] 王诚,吴继华,范丽珍,等. Altera FPGA/CPLD 设计(基础篇)[M]. 北京:人民邮电出版社,2005.
[3] 江国强. SOPC 技术与应用[M]. 北京:机械工业出版社,2006.
[4] 潘松,黄继业,曾毓. SOPC 技术实用教程[M]. 北京:清华大学出版社,2005.
[5] 刘军,郭立,郑东飞,等. 开放性 32 位 Risc 处理器 IP 核的比较与分析[J]. 电子器件,2005,28(4).
[6] 孙恺,魏洪兴,陈友东. 基于 OR1200 的嵌入式 SOPC 硬件平台设计[J]. 电子技术应用,2005(6).
[7] Gaisler Research. Leon2 Processor User's Manual (version 1.0.22)[Z]. 2004,9-10.
[8] Lampret D. OpenRISC 1200 IP Core Specification [Z]. 2001,9-10.
[9] Opencores. OpenRISC 1000 Architecture Manual [Z]. 2004,14-15.
[10] Altera Corp. NiosII Processor Reference Handbook (version 1.1)[M]. 2004,1.1-1.2.
[11] WISHBONE System-On-Chip(SOC) Interconnection Architecture for Portable IP Cores. 2002,7.
[12] Rudolf Usselmann. OpenCores SOC Bus Review. Rev. 1.0. 2001,9.
[13] Jamil Khatib. Open Hardware design trend. 2004.
[14] Altera Corp. CycloneII Device Handbook. Altera,2005.
[15] http://www.altera.com.cn.
[16] Mentor Graphics Corp. ModelSim SE User's Manual. Mentor Graphics,2005.

# 北京航空航天大学出版社 单片机与嵌入式系统 图书推荐

(2006年7月后出版图书)

## 嵌入式系统教材

| 书 名 | 作者 | 定价 | 出版日期 |
|---|---|---|---|
| 嵌入式Linux系统设计 | 郑灵翔 | 32.0 | 2008.03 |
| ARM9嵌入式系统设计技术——基于S3C2410和Linux | 徐英慧 | 36.0 | 2007.08 |
| 嵌入式操作系统原理及应用开发 | 吴国伟 | 25.0 | 2007.03 |
| 嵌入式系统原理 | 李庆诚 | 29.5 | 2007.03 |
| 汇编语言程序设计——基于ARM体系结构(含光盘) | 文全刚 | 35.0 | 2007.03 |
| 计算机组成与嵌入式系统 | 何为民 | 20.0 | 2007.01 |
| Nios II嵌入式软核SOPC设计原理及应用 | 李兰英 | 45.0 | 2006.11 |
| SOPC嵌入式系统基础教程 | 周立功 | 29.5 | 2006.11 |
| SOPC嵌入式系统实验教程(一) | 周立功 | 29.0 | 2006.11 |
| ARM7 μClinux开发实验与实践(含光盘) | 田 泽 | 28.0 | 2006.11 |
| ARM9嵌入式Linux开发实验与实践(含光盘) | 田 泽 | 29.5 | 2006.11 |
| ARM7嵌入式开发实验与实践(含光盘) | 田 泽 | 29.5 | 2006.10 |
| ARM9嵌入式开发实验与实践(含光盘) | 田 泽 | 42.0 | 2006.10 |
| 嵌入式原理与应用——基于XScale处理器与Linux操作系统 | 石秀民 | 36.0 | 2007.08 |
| ARM嵌入式技术原理与应用——基于XScale处理器及VxWorks操作系统 | 刘尚军 | 39.0 | 2007.09 |
| 嵌入式系统设计与开发实验——基于XScale平台 | 石秀民 | 26.0 | 2006.10 |
| ARM体系结构及其嵌入式处理器 | 任 哲 | 38.0 | 2008.03 |
| 嵌入式操作系统基础μC/OS-II及Linux | 任 哲 | 35.0 | 2006.08 |
| Windows CE嵌入式系统 | 何宗键 | 32.0 | 2006.08 |

### ARM、SoC设计、IC设计及其他嵌入式系统综合类

| 书 名 | 作者 | 定价 | 出版日期 |
|---|---|---|---|
| ARM开发工具RealView MDK使用入门 | 李 宁 | 估32.0 | 2008.03 |
| ARM程序分析与设计 | 王宇行 | 32.0 | 2008.03 |
| 嵌入式软件概论 | 沈建华 | 42.0 | 2007.10 |
| 面向对象的嵌入式系统开发 | 朱成果 | 28.0 | 2007.09 |
| NiosII系统开发设计与应用实例 | 孔 恺 | 32.0 | 2007.08 |
| ARM & WinCE实验与实践——基于S3C2410 | 周立功 | 32.0 | 2007.07 |
| 嵌入式系统硬件体系设计 | 怯肇乾 | 58.0 | 2007.06 |
| ARM嵌入式处理器结构与应用基础(第2版)(含光盘) | 马忠梅 | 34.0 | 2007.06 |
| ARM & Linux嵌入式系统开发详解 | 锐极电子 | 33.0 | 2007.06 |
| ARM嵌入式系统基础与实践 | 胡 伟 | 27.0 | 2007.06 |
| 基于PROTEUS的ARM虚拟开发技术(含光盘) | 周润景 | 29.0 | 2007.01 |
| 基于嵌入式实时操作系统的程序设计技术 | 周航慈 | 19.5 | 2006.11 |
| SRT71x系列ARM微控制器原理与实践 | 沈建华 | 42.0 | 2006.09 |
| 嵌入式系统中的模拟设计 | 李喻奎译 | 32.0 | 2006.07 |
| ARM嵌入式软件开发实例(二) | 周立功 | 53.0 | 2006.07 |
| ARM 9嵌入式Linux系统构建与应用 | 潘巨龙 | 29.5 | 2006.07 |

## DSP

| 书 名 | 作者 | 定价 | 出版日期 |
|---|---|---|---|
| TMS320X281x DSP原理及C程序开发 | 苏奎峰 | 48.0 | 2008.02 |
| TMS320C54x DSP结构、原理及应用(第2版) | 戴明帧 | 28.0 | 2007.09 |
| TMS320X240x DSP原理及应用开发指南 | 赵世廉 | 38.0 | 2007.07 |
| DSP原理及电机控制系统应用 | 冬 雷 | 36.0 | 2007.06 |
| dsPIC通用数字信号控制器原理及应用——基于dsPIC30F系列(含光盘) | 刘和平 | 49.0 | 2007.07 |
| TMS320F281x DSP原理及应用实例 | 万山明 | 29.0 | 2007.07 |
| dsPIC30F电机与电源系列数字信号控制器原理与应用 | 何礼高 | 56.0 | 2007.03 |
| DSP开发应用技术 | 曾义芳 | 85.0 | 2008.02 |
| DSP原理及电机控制应用——基于TMS320LF240x系列(含光盘) | 刘和平 | 42.0 | 2006.11 |

## 单片机

### 教材与教辅

| 书 名 | 作者 | 定价 | 出版日期 |
|---|---|---|---|
| 单片机应用设计培训教程——理论篇 | 张迎新 | 29.0 | 2008.01 |
| 单片机应用设计培训教程——实践篇 | 夏继强 | 22.0 | 2008.01 |
| 80C51嵌入式系统教程 | 肖洪兵 | 28.0 | 2008.01 |
| 51单片机原理与实践 | 高卫东 | 23.0 | 2007.11 |
| 单片机原理与应用设计 | 蒋辉平 | 22.0 | 2007.10 |
| 单片机基础(第3版) | 李广弟 | 24.0 | 2007.06 |
| SoC单片机原理与应用——基于C8051F系列 | 张俊谟 | 32.0 | 2007.05 |
| 单片机的C语言应用程序设计(第4版) | 马忠梅 | 29.0 | 2007.02 |
| 单片机认识与实践 | 邵贝贝 | 32.0 | 2006.08 |
| 高职高专通用教材——凌阳单片机理论与实践 | 彭传正 | 22.0 | 2006.12 |
| 高职高专通用教材——单片机原理与应用教程 | 袁秀英 | 28.0 | 2006.08 |
| 高职高专规划教材——单片机测控技术 | 童一帆 | 16.0 | 2007.08 |
| 高职高专规划教材——单片机原理与接口技术 | 刘焕平 | 26.0 | 2007.07 |
| 单片机教程习题与解答(第2版) | 张俊谟 | 26.0 | 2008.01 |
| 单片机高级教程——应用与设计(第2版) | 何立民 | 29.0 | 2007.01 |
| 单片机中级教程——原理与应用(第2版) | 张俊谟 | 24.0 | 2006.10 |

### 51系列单片机其他图书

| 书 名 | 作者 | 定价 | 出版日期 |
|---|---|---|---|
| 单片机原理及串行外设接口技术 | 李朝青 | 28.0 | 2008.01 |
| 手把手教你学单片机C程序设计(含光盘) | 周兴华 | 36.0 | 2007.09 |
| 单片机基础与最小系统实践 | 刘同法 | 32.0 | 2007.06 |
| 电动机的单片机控制(第2版) | 王晓明 | 26.0 | 2007.08 |
| 单片机课程设计指导(含光盘) | 楼然苗 | 39.0 | 2007.07 |

| 书名 | 作者 | 定价 | 出版日期 | 书名 | 作者 | 定价 | 出版日期 |
|---|---|---|---|---|---|---|---|
| 手把手教你学单片机（第2版）（含光盘） | 周兴华 | 29.0 | 2007.06 | 基于 MCU/FPGA/RTOS 的电子系统设计方法与实例 | 欧伟明 | 39.0 | 2007.07 |
| 单片机与PC机网络通信技术 | 李朝青 | 26.0 | 2007.03 | 无线发射与接收电路设计（第2版） | 黄智伟 | 68.0 | 2007.07 |
| 单片机轻松入门（第2版）（含光盘） | 周坚 | 28.0 | 2007.02 | 学做智能车——挑战"飞思卡尔"杯 | 卓晴 | 34.0 | 2007.03 |
| 单片机控制实习与专题制作 | 蔡朝洋 | 59.0 | 2006.11 | 单片机与PC机网络通信技术 | 李朝青 | 26.0 | 2007.02 |

## PIC 单片机

| 书名 | 作者 | 定价 | 出版日期 | 书名 | 作者 | 定价 | 出版日期 |
|---|---|---|---|---|---|---|---|
| PIC 系列单片机程序设计与开发应用（含光盘） | 陈新建 | 46.0 | 2007.05 | 数字系统与逻辑设计 | 马金明 | 39.0 | 2007.02 |
| 单片机 C 语言编译器及其应用——基于 PIC18F 系列 | 刘和平 | 32.0 | 2007.01 | 电子技术动手实践 | 崔瑞雪 | 29.0 | 2007.06 |
| PIC 单片机原理及应用（第3版） | 李荣正 | 29.5 | 2006.10 | 数字电子技术 | 靳孝峰 | 38.0 | 2007.09 |
| PIC 单片机实用教程——基础篇（第2版） | 李学海 | 32.0 | 2008.02 | 应用型本科教材——模拟电子技术基础与应用实例 | 戈素贞 | 28.0 | 2007.02 |
| PIC 单片机实用教程——提高篇（第2版） | 李学海 | 35.0 | 2007.02 | 电子系统设计——基础篇 | 林凡强 | 32.0 | 2007.03 |
| | | | | ZigBee 网络原理与应用开发 | 吕治安 | 35.0 | 2008.02 |

## 其他公司单片机

| 书名 | 作者 | 定价 | 出版日期 | 书名 | 作者 | 定价 | 出版日期 |
|---|---|---|---|---|---|---|---|
| AVR 单片机原理及测控工程应用——基于 ATmega 48/ATmega 16 | 刘海成 | 39.0 | 2008.03 | 无线单片机技术丛书——ZigBee 2006 无线网络与无线定位实战 | 李文仲 | 42.0 | 2008.01 |
| MSP430 单片机基础与实践（含光盘） | 谢兴红 | 28.0 | 2007.02 | 无线单片机技术丛书——CC1010 无线 SoC 高级应用 | 李文仲 | 41.0 | 2007.07 |
| AVR 单片机嵌入式系统原理与应用实践（含光盘） | 马潮 | 52.0 | 2007.10 | 无线单片机技术丛书——ZigBee 无线网络技术入门与实战 | 李文仲 | 25.0 | 2007.04 |
| HCS12 微控制器原理及应用 | 王威 | 26.0 | 2007.02 | 无线单片机技术丛书——C8051F 系列单片机与短距离无线数据通信 | 李文仲 | 27.0 | 2007.03 |
| MSP430 单片机 C°语言程序设计与实践 | 曹磊 | 29.0 | 2007.07 | 无线单片机技术丛书——短距离无线数据通信入门与实战（含光盘） | 李文仲 | 30.0 | 2006.12 |
| 凌阳 16 位电机控制单片机——SPMC75 系列原理与开发 | 凌阳科技 | 25.0 | 2007.07 | 无线 CPU 与移动 IP 网络开发技术 | 洪利 | 56.0 | 2008.03 |
| 凌阳单片机课程设计指导 | 黄智伟 | 26.0 | 2007.06 | Q2406 无线 CPU 嵌入式技术 | 洪利 | 25.0 | 2007.01 |

## 总线技术

| 书名 | 作者 | 定价 | 出版日期 | 书名 | 作者 | 定价 | 出版日期 |
|---|---|---|---|---|---|---|---|
| 8051 单片机 USB 接口 VB 程序设计 | 许永和 | 49.0 | 2007.10 | 智能技术——系统设计与开发 | 张洪润 | 48.0 | 2007.02 |
| 现场总线 CAN 原理与应用技术（第2版） | 饶运涛 | 42.0 | 2007.08 | 电子设计竞赛实训教程 | 张华林 | 33.0 | 2007.07 |
| | | | | 电工电子实习教程 | 陈世和 | 20.0 | 2007.08 |
| iCAN 现场总线原理与应用 | 周立功 | 38.0 | 2007.05 | 全国大学生电子设计竞赛制作实训 | 黄智伟 | 25.0 | 2007.07 |

## 其 它

| 书名 | 作者 | 定价 | 出版日期 | 书名 | 作者 | 定价 | 出版日期 |
|---|---|---|---|---|---|---|---|
| 数字信号处理的 SystemView 设计与分析（含光盘） | 周润景 | 29.0 | 2008.01 | 全国大学生电子设计竞赛技能训练 | 黄智伟 | 36.0 | 2007.02 |
| 传感器技术大全（上）、（中）、（下） | 张洪润 | 78.0 / 76.0 / 82.0 | 2007.10 | 全国大学生电子设计竞赛电路设计 | 黄智伟 | 33.0 | 2006.12 |
| | | | | 全国大学生电子设计竞赛系统设计 | 黄智伟 | 32.0 | 2006.12 |
| 计算机系统结构 | 胡越明 | 32.0 | 2007.10 | 零起点学单片机与 CPID/FPGA | 杨恒 | 32.0 | 2007.04 |
| EDA 实验与实践 | 周立功 | 34.0 | 2007.09 | SystemVerilog 验证方法学 | 夏宇闻译 | 58.0 | 2007.05 |
| 高职高专规则教材——传感器与测试技术 | 李娟 | 22.0 | 2007.08 | 基于 PROTEUS 的 AVR 单片机设计与仿真（含光盘） | 周润景 | 55.0 | 2007.07 |
| EDA 技术与可编程器件的应用 | 包明 | 45.0 | 2007.09 | 2006 年上海市嵌入式系统创新设计竞赛获奖作品论文集 | 竞赛评审委员会 | 27.0 | 2006.10 |
| 传感器与单片机接口及实例 | 来清民 | 28.0 | 2008.01 | 第五届全国高校嵌入式系统教学研讨会论文集 第三届博创杯全国大学生嵌入式设计大赛《单片机与嵌入式系统应用》杂志2007年增刊 | 嵌入式专委会 | 50.0 | 2007.07 |
| | | | | 全国第七届嵌入式与单片机学术交流会论文集《单片机与嵌入式系统应用》杂志社2007年增刊 | 微机专委会 | 60.0 | 2007.09 |

注：表中加底纹者为 2007 年后出版的图书。

以上图书可在各地书店选购，或直接向北航出版社书店邮购（另加 3 元挂号费）邮购电话：010-82315213
地址：北京市海淀区学院路 37 号北航出版社书店 5 分箱　邮购部收　邮编：100083　邮购 Email：bhcbssd@126.com
投稿联系电话：010-82317022、82317035、82317044　传真：010-82317022　投稿 Email：bhpress@mesnet.com.cn